뜨개머리앤
Value Your Knitting Time

www.annknitting.com

since2010

@ann.knitting X K니트디자이너

"

뜨개머리앤은 니트 디자이너에게
영감을 주는 다양한 컬러, 텍스쳐,
소재의 뜨개실과 디자인 공유를 위한
플랫폼을 서포팅합니다.

협업을 희망하는
디자이너&크리에이터는 뜨개머리앤
공홈 COLLABO BOARD 게시판에
글을 남겨주세요.

www.annknitting.com

K KNIT DESIGNER with ANNKNITTING @ann.knitting

Denmark 덴마크

초여름의 유럽, 덴마크 털실 가게 방문기

이사거 본사에서. 참가자들은 각자 음식을 덜어서 마음에 드는 자리로 가져다가 먹었다.

코로나19 규제가 풀리면 일 년에 한 번은 해외로 나가기로 결심했는데 드디어 2023년, 염원했던 이사거(ISAGER)의 국제 소매업체 회의에 참석하게 되었습니다. 〈털실타래〉와도 친숙한 이사거는 마리안느 이사거의 고향인 덴마크 트베르스테드(Tversted)에 본사를 두고 있습니다. 오래된 초등학교 건물을 리노베이션한 본사에는 워크숍 룸과 숙박 시설, 구내식당 등이 있으며, 새롭게 창고와 쇼핑 가능한 쇼룸까지 갖추었습니다. 뿐만 아니라 부지 내에서는 알파카도 기르고 있습니다. 여름 동안에는 현지 요리사와 아르바이트생을 고용하여 레스토랑을 운영하고요. 거의 매주 디자이너와 강사를 초청해 워크숍을 열고 있습니다. 이번 회의는 전 세계 이사거 소매업체 점주들이 한자리에 모여 친목을 다지고 아

이디어를 공유하기 위해 열렸습니다. 아시아에서 온 참가자는 일본에서 온 'EYLUE yarns'를 비롯하여 '이사거 재팬'의 우에무라, 타이완의 털실 가게 '직물학(織物學)'의 팅(Ting), 이렇게 셋뿐이었습니다. 스칸디나비아와 유럽 지역 참가자가 많았고, 미국과 영국을 포함하여 약 20명이 참석했습니다. 시원한 여름이 특징인 덴마크의 외딴 시골에서 뜨개질하며 느긋하게 보낸 주말은 모두에게 행복한 시간이었습니다. 그래서인지 매년 참여하는 사람들도 있는 듯했습니다. 저 또한 아름다운 자연환경 속에서 건강한 음식과 쾌적한 기후를 즐기며 새롭게 태어난 듯한 기분이 들었습니다. 참가한 점주들의 공통점은 이사거의 실을 좋아한다는 것인데, 다들 이사거 실로 손수 뜬 옷을 입고 있어서 보는 눈이 즐거웠습니다. 매년 6월에는 이사거 재팬의 주최로 일본 고객을 대상으로 본사 견학을 포함한 투어가 열리니 참여해보는 건 어떨까요? 주말에 재충전을 한 저는 트베르스테드를 뒤로 하고, 덴마크 인구의 약 25%가 살고 있는 수도 코펜하겐으로 향했습니다. 코펜하겐은 아름다운 건축물과 푸른 녹지가 가득해 인상 깊었습니다. 덴마크 하면 떠오르는 털실 가게인 소메르풀렌(SOMMERFUGLEN)을 찾아가는 동안 뜨개 스웨터를 입은 아이들과 레이블리(ravelry)에서 인기 있는 디자인의 스웨터를 입은 사람들을 여럿 마주쳤습니다. 소메르풀렌은 코펜하겐 시내에 있는 도회적인 분위기의 털실 가게로, 다양한 상품을 보유

나도 모르게 걸음을 멈추고 홀린 듯이 들어갔던 앤티크 거리의 털실 가게.

하고 있어 인기가 많습니다. 그렇지만 저의 마음속에 남아 있는 가게는 지나가다가 들른 한 털실 가게였습니다. 안데르센이 잠들어 있는 묘지 근처, 앤티크 거리의 상점들을 구경하며 길을 걷다가 멋진 털실 가게를 발견한 것이지요. 가게 안에는 주인 할머니가 가게를 보면서 뜨개하느라 바쁘셔서 말 걸기 망설여질 정도였습니다. 이탈리아와 독일에서 생산된 상품들이 주를 이뤘

고, 알록달록한 샘플들로 가득 찬 매력적인 가게였습니다. 뜨개 스웨터와 액세서리를 파는 가게도 발견했습니다. 심플한 스웨터가 매력적이었고, 멋지게 상품을 진열하기 위한 아이디어도 많이 얻을 수 있었습니다. 뜨개가 삶의 일부로 자리 잡은 유럽은 일본과는 다른 뜨개 세계를 보는 것 같아서 부럽기도 했답니다.

취재/고지마 유리(EYLUL)

천장까지 빼곡한 털실들과 알록달록 매력 있는 샘플들.

오른쪽／이사거 본사의 쇼룸 겸 매장.
오른쪽 아래／코펜하겐 시내에 있는 털실 가게 '소메르풀렌'. 덴마크어로 나비를 의미한다.
왼쪽 아래／근사하게 꾸며진 소메르풀렌의 쇼윈도.

Latvia 라트비아
손모아장갑 나라의 니트 재킷

위／루차바의 게스트 하우스 '바야리(Bajāri)'에서 열린 니팅 리트리트. 아래／루차바의 스바니타이에서 열린 강의 풍경.

라트비아의 뜨개 사랑은 각별하기로 유명합니다. 특히 배색 손모아장갑은 라트비아의 대표 수공예품으로 널리 알려졌지요. 그렇다면 혹시 이곳의 전통 니트 재킷이 남아 있다는 사실도 알고 계셨나요?

라트비아의 니트 재킷은 19세기 후반, 라트비아의 쿠르제메(Kurzeme) 지방 중에서도 서남부에 위치한 니차(Nīca)시와 루차바(Rucava)시 주변으로 퍼져 나가 민속 의상과 함께 입기 시작했습니다. 기본 뜨개법은 허니콤 브리오시 패턴으로, 촘촘한 뜨개코와 울퉁불퉁한 표면의 뜨개바탕이 특징입니다. 개개인에 맞게 사이즈를 조절해서 뜰 수 있어서 몸에 맞는 아름다운 실루엣을 연출하며, 적당한 신축성이 있어서 움직이기 쉽게 완성된다고 합니다. 또한 주목할 점은 앞판과 소맷부리를 컬러풀한 배색의 테두리뜨기로 만들었다는 점입니다. 그 기법도 지역에 따라 다른데, 루차바는 대바늘로 뜨는 2~3cm 폭의 디자인이 다수인 반면, 니차는 코바늘로 뜨는 5~10cm 폭의 넓은 디자인이 주를 이룹니다. 참고로 앞단의 안면은 부분적으로

천으로 보강되어 있어 실용적인 측면에서도 우수합니다.

최근 몇 년 동안 니차와 루차바는 민속 의상 센터인 세나 클레츠(SENĀ KLĒTS)가 주최하는 '니팅 리트리트(Knitting Retreat)'의 개최지로 주목을 받고 있습니다. 니팅 리트리트란 한 마디로 '뜨개질 힐링 투어 프로그램'이라고 할 수 있는데요. 현지 민속학의 집·스바니타이에서는 니트 기법과 함께 역사적 배경에 대해서도 배울 수 있습니다. 일상에서 벗어나 좋아하는 일에 몰두할 수 있고 뜨개 전문가의 강의를 들

소맷부리가 인상적인 루차바의 장갑들.

을 수도 있다는 점에서 굉장히 매력적이지요. 라트비아의 뜨개를 즐기는 방법은 무궁무진합니다.

취재／나카타 사나에
이미지 제공／세나 클레츠

오른쪽／남쿠르제메 지방의 니트 재킷을 소개한 책 《Dienvidkurzemes adītās jakas》. 아래／니차시의 니트 재킷.

Japan 일본
양털로 짠 직물, 홈스펀

위／이와테현은 일본에서 홈스펀이 지역 산업으로 계승된 유일한 산지다. 아래／밝은 색상이 눈길을 끄는 숄. 홈스펀 특유의 가벼움을 커다란 숄에서도 느낄 수 있다.

이와테 홈스펀 유니언
https://homespun2023.kurashi-co.com/union.html

2023년 10월 7~8일 양일간 이와테현 모리오카시에 있는 이와테 은행 아카렌가관(館)에서 홈스펀 페스티벌 'Meets the Homespun'이 열렸습니다.

전시장에는 이와테현의 공방들뿐만 아니라 개인 작가들이 출품한 각기 다른 매력의 촉감과 디자인을 지닌 다채로운 작품들이 있었습니다. 100년 전통을 자랑하는 이와테의 홈스펀. 거기에 담긴 생각을 들었습니다. "전통을 지키면서도 트렌드에 발맞추려고 노력하고 있어요. 앞으로도 마음에 드는 홈스펀 상품을 오래오래 애용해 주셨으면 좋겠어요(나카무라 공방의 나카무라 가즈마사)." "동료를 소중히 여겨야 해요. 한 사람이 모든 기술과 일을 다 맡을 수는 없으니까요. 무엇보다 자신이 맡았던 일을 다음 장인에게 잘 전수하는 것이 중요하다고 생각해요(미치노쿠 아카네회(會)의 와타나베)." 장인들의 열정이 홈스펀의 따뜻함으로 이어지고 있는 듯하네요.

이와테 홈스펀의 매력, 여러분도 꼭 느껴보시기 바랍니다.

취재／이시이 아키코(poyo)

Japan 일본
아르네 & 카를로스, 일본에 오다

위／Zoom을 통한 온라인 수업도 동시에 진행되었다. 아래／ROWAN의 노르웨이 전통 색상 실로 뜬 스웨터를 배경으로.

2023년 10월에 노르웨이의 니터 듀오, 아르네 & 카를로스(ARNE & CARLOS)가 4년 만에 일본을 방문했습니다. 도쿄 보그(Vogue) 학원에서 스페셜 원데이 레슨을 열었는데 온라인으로도 참여할 수 있어선지 전국 각지에서 수강자들이 모였습니다. 오전 클래스에서는 노르웨이 전통 무늬 '셀부(selbu)'가 들어간 넥워머를, 오후 클래스에서는 크리스마스 오너먼트 장식으로도 제격인 미니 스웨터를 떴습니다. 오너먼트 스웨터는 주머니뜨기 기법으로 뜨는데, 스웨터 안에 조그마한 선물을 넣을 수 있는 디자인이라 여러 개를 떠서 어드벤트 캘린더로도 즐길 수 있습니다.

이날 통역에는 니시무라 도모코가 참여했습니다. 뜨개 기술을 배우는 것 외에도 그들의 일상, 노르웨이에서 크리스마스 시즌을 어떻게 준비하고 보내는지에 대한 흥미로운 이야기도 많이 들었습니다. 공식 홈페이지에 일본에서의 활동이 담긴 유튜브 영상도 올라와 있으니 확인해보세요.

https://arnecarlos.com/ (영어)

취재／케이토다마 편집부

Happy Knitting Day

네이버에 솜솜뜨개 를 검색해주세요 !

오프라인 쇼룸 : 서울시 마포구 서교동 496-6 (망원역 도보 7분)

털실타래
keitodama 2024 vol.7 [봄호]
Contents

World News … 4

계절 따라 변신하는
레이어드 크로셰

… 8

계절 따라 변신하는
레이어드 크로셰

photograph Shigeki Nakashima styling Kuniko Okabe, Yuumi Sano hair&make-up Daisuke Yamada model Aria(175cm)

summer

summer

spring

spring

layered crochet , early spring to summer

봄이 찾아왔어요. 이제 무거운 코트를 벗고 가볍게 입을 수 있는 옷을 떠볼까요?
겹쳐 입기 좋은 크로셰 웨어는 쌀쌀함이 가시지 않은 시기부터 땀이 나는 계절까지 아주 쏠쏠하게 쓰인답니다.
계절에 맞게끔 옷을 다양하게 매치하면서 즐겨보세요.

summer

summer

spring

summer

9

summer

spring

알록달록한 비타민 컬러를 배색한
톱다운 풀오버는 스퀘어 넥에 단추
트임을 넣어 깜찍함을 더했습니다.
무게감 있는 옷에 매치하면 경쾌함
이 더해지고, 탱크톱 위에 레이어드
하면 근사한 메시 웨어가 되지요.

Design／오쿠즈미 레이코
How to make／P.95
Yarn／퍼피 생파두스

layered crochet , early spring to summer

summer

spring

깨끗하고 단정한 리넨 실로 뜬 사각
베스트는 입으면 자연스럽게 어깨선
이 떨어져 프렌치 슬리브 스타일이
되지요. 내추럴한 리넨 컬러는 매치
하는 옷에 따라 완전히 다른 느낌을
연출할 수 있답니다. 무늬가 섬세해
보이지만 한길 긴뜨기와 사슬뜨기,
짧은뜨기만으로 완성할 수 있어요.
심플함이 가장 큰 매력인 사각 베스
트를 지금 바로 떠보세요.

Design／바람공방
How to make／P.98
Yarn／퍼피 퍼피 리넨 100

11

summer

spring

어깨 경사와 목둘레가 있는 풀오버
는 자연스러움이 매력이지요. 은은
한 초록색에 반짝이는 면사인 라메
가 들어간 디자인이라 고급스럽고
세련되어 보입니다. 바탕 무늬가 심
플해서 다양한 코디에 레이어드하기
좋은 아이템이랍니다.

Design／다케다 아쓰코
Knitter／이즈카 시즈요
How to make／P.105
Yarn／스키 얀 스키 미나모

Sunglasses／글로브 스펙스 에이전트

layered crochet , early spring to summer

summer

spring

요크 아래부터 떠 내려간 모눈뜨기
로 만들어낸 꽃들이 인상적인 튜닉.
걸리시한 무드가 느껴지지만, 뜨개
바탕에 라메가 적당히 들어 있어 과
하게 느껴지지 않아요.

Design／오타 신코
Knitter／스토 데루요
How to make／P.122
Yarn／스키 얀 스키 미나모

Sunglasses／글로브 스펙스 에이전트

13

비침이 있는 카디건은 다양하게 활용할 수 있는 만능 아이템이에요. 어른스러운 배색의 줄무늬로 시원한 느낌을 연출할 수 있지요. 어깨 경사를 넣어서 줄무늬 무늬가 비스듬해지지 않도록 했어요. 간단한 뜨개 기법이 반복되지만, 리듬감이 있어 뜨개하는 재미가 제법 쏠쏠하답니다.

Design／기시 무쓰코
How to make／P.100
Yarn／다이아몬드케이토 다이아 시실리

Glasses／글로브 스펙스 에이전트

spring

summer

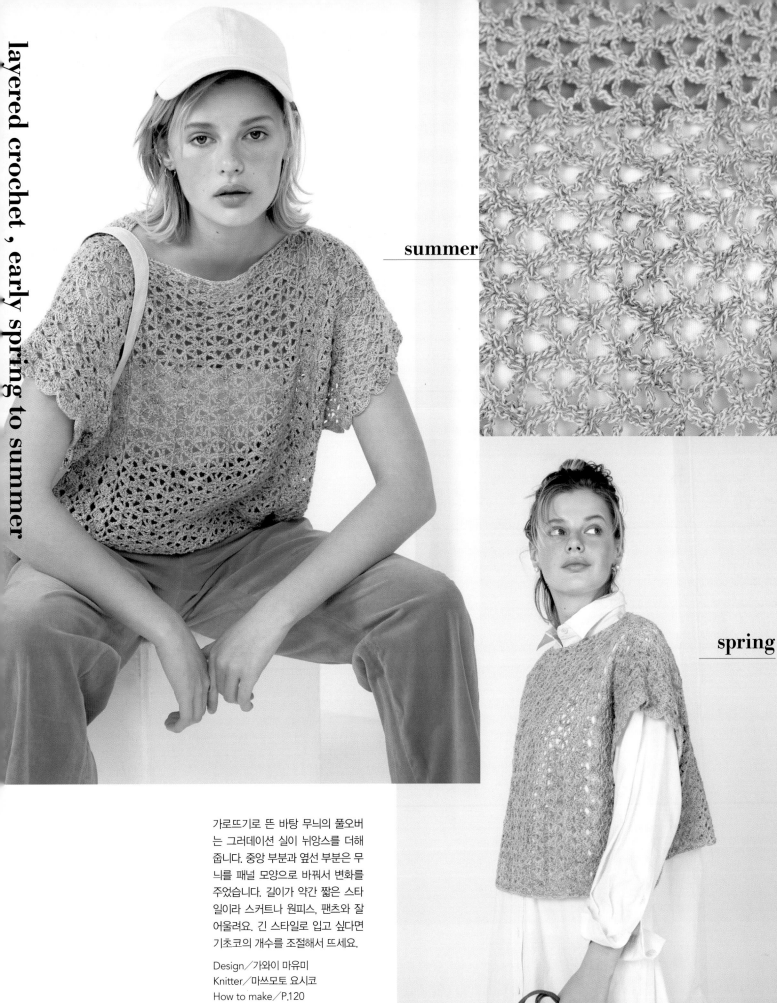

summer

spring

가로뜨기로 뜬 바탕 무늬의 풀오버
는 그러데이션 실이 뉘앙스를 더해
줍니다. 중앙 부분과 옆선 부분은 무
늬를 패널 모양으로 바꿔서 변화를
주었습니다. 길이가 약간 짧은 스타
일이라 스커트나 원피스, 팬츠와 잘
어울려요. 긴 스타일로 입고 싶다면
기초코의 개수를 조절해서 뜨세요.

Design／가와이 마유미
Knitter／마쓰모토 요시코
How to make／P.120
Yarn／다이아몬드케이토 다이아 폴리아

summer

spring

프렌치 슬리브 카디건은 단추를 모두 채워 조끼처럼 입을 수도 있어요. 회색은 중립적인 색이라 어떤 코디에도 잘 어울린답니다. 메인 무늬를 띠처럼 가로로 놓고 뜬 다음 나머지 무늬를 차례대로 떠서 완성하세요.

Design／오카모토 마키코
How to make／P.111
Yarn／올림포스 에미 그란데

summer

spring

크로셰 테일러드 재킷은 비치는 느 낌을 살린 편안한 어깨 디자인이 매 력이랍니다. 어떤 옷과 매치하느냐 에 따라 캐주얼한 스타일로도 격식 을 차린 스타일로도 연출할 수 있지 요. 한길 긴뜨기와 두길 긴뜨기의 걸 어뜨기로 격자무늬를 만들어 완성 하세요.

Design／시바타 준
How to make／P.107
Yarn／올림포스 에미 그란데

Sunglasses／글로브 스펙스 에이전트

17

photograph Toshikatsu Watanabe styling Terumi Inoue

How to make／P.64
Yarn／DMC 콜도넷 스페셜 no.80

Lunarheavenly

나가자토 가나

레이스 뜨개 작가. 2009년 Lunarheavenly를 설립. 레이스실로 만든
꽃으로 정교한 액세서리를 만들어 개인전을 열거나 이벤트에 출품해
전시하고 있다. 꽃을 완성한 후에 염색하는 방식으로 섬세한 그러데이
션 색 연출과 귀여운 작품으로 정평이 나 있다. 보그학원 강사로 활동
중이다. 저서로 《루나 헤븐리의 코바늘로 뜬 꽃 장식》 외 다수가 있다.

Instagram: lunarheavenly

루나 헤븐리의 꽃 소식 *vol.2*

노란색의 마법, 미모사

아직 쌀쌀함이 남아 있는 공기에 봄의 기
운을 느끼게 될 무렵. 올려다본 곳에 고운
노란 꽃을 볼 수 있습니다.
가까이서 보면 작은 폼폼이 옹기종기 모
여 있는 모습이 무척 사랑스러워 마음까
지 환하게 밝혀줍니다.

이파리 모양은 가지각색이라서 이번에 만
든 금엽 아카시아의 이파리는 도안을 만
들 때 여러 번의 샘플을 반복하며 완성했
습니다.
실제 이파리와 비교하며 이것도 아니야,
저것도 아니야 하며 도안을 완성해가는
시간이 무척 좋습니다.
모양뿐만 아니라 그 식물에 대해 좀 더 깊
이 알고 싶다는 생각이 듭니다.
식물의 조형이란 참으로 신비로운 것이어
서 사람의 마음을 쥐고 놓아주지 않는구
나라고 느낍니다.

미모사 꽃의 고운 노란색으로부터 따뜻한
봄이 퍼져 나가기를.
그런 마음을 담아서 만들었습니다.

노구치 히카루의 다닝을 이용한 리페어 메이크

'리페어 메이크'에는 수선하는 일과 그 과정을 통해 더 발전하고 진보하고자 하는 마음을 담았습니다.

노구치 히카루(野口光)

'hikaru noguchi'라는 브랜드를 운영하는 니트 디자이너. 유럽의 전통적인 의류 수선법 '다닝(Darning)'에 푹 빠져 다닝을 지도하고 오리지널 다닝 기법을 연구하는 등 다양하게 활동하고 있다. 심혈을 기울여 오리지널 다닝 머시룸(다닝용 도구)까지 만들었다. 저서로는 《노구치 히카루의 다닝으로 리페어 메이크》, 제2탄 《수선하는 책》 등이 있다.
http://darning.net

【이번 주제】

단정한 옷에 부드러움을 더했다

before

눈을 크게 뜨고 보니
좀먹은 구멍이…

photograph Toshikatsu Watanabe styling Terumi Inoue

이번에는 '다닝 구라게'를 사용했습니다.

우아한 여성복을 만드는 미나 페르호넨(minä perhonen)의 원피스. 좀먹은 구멍은 작지만 워낙 원단이 깔끔하고 예뻐서 손상된 부분이 유독 눈에 띕니다. 이렇게 심플하고 디자인성이 강한 옷을 다닝할 때는 일반적인 방법으로 해결하기 어려워서 한참을 손대지 못했습니다.

고민에 고민을 거듭한 끝에 사용한 테크닉은 루프 시드 스티치로 시드 스티치를 응용한 기법입니다. 시드 스티치는 사실 단순한 '박음질'인데 다양한 연출이 가능하고 기능성도 좋습니다. 초보자가 쉽게 따라 할 수 있어서 교실에서도 인기가 많습니다. 이번에는 구멍 난 부분 위에 레몬 옐로우 색 실크 모헤어로 조그마한 루프를 수놓기로 했습니다. 소담스럽게 부풀어 오른 실뭉치가 레몬주스 방울처럼 상큼하고 더욱 부드러워 보이네요. 좀먹은 부분에 수를 놓으면서 전체적인 균형을 고려해 수놓는 곳을 추가하는 것이 제 스타일입니다.

구멍이 큰 곳은 뒤쪽에 천을 덧대어 구멍을 메운 후에 수를 놓아보세요. 실은 2~3가닥을 합사하면 보송보송한 질감이 잘 살고 루프 끝을 자르면 벨벳의 느낌이 나기도 합니다.

michiyo의 4 사이즈 니팅

이번 봄호에서 소개하는 작품은 똑 떨어지는 라인이 인상적인 베스트.
단품으로 산뜻하게 걸치거나 풀오버로 입어도 멋스럽습니다.

photograph Shigeki Nakashima styling Kuniko Okabe, Yuumi Sano hair&make-up Daisuke Yamada model Aria(175cm)

일러스트 같은 베스트

디자인 일러스트를 그대로 입는 듯한 느낌의 베스트로 디자인했습니다. 탄탄한 면사가 뜨개 바탕에 탄력을 만들어 내면서 일러스트적인 느낌이 한층 강조됩니다. 살짝 넉넉한 사이즈라서 티셔츠나 원피스에 레이어드해서 입기에 좋습니다. 이렇게 민소매 풀오버로 입는 연출법도 멋지지요. 그때는 암홀이 깊으니 캐미솔을 받쳐 입는 등 코디법을 생각해보세요.

배색 변형고무뜨기의 배색 부분은 안뜨기했습니다. 배색무늬 메리야스뜨기보다 복잡해 보이지만 걱정할 필요 없습니다. 왼손에 실을 거는 컨티넨탈식으로 뜨는데 배색실을 왼쪽에, 바탕실을 오른쪽에 놓고 떠내려가면 뜨기 쉽습니다. 마무리로 빼뜨기하면서 줄무늬를 만들면 마치 니트 위에 그림을 그리는 것처럼 즐겁답니다.

2차원 일러스트를 3차원으로 만드는 이미지로, 사인펜으로 그린 듯한 니트를 디자인했습니다. 색 대비가 뚜렷한 배색 변형 고무뜨기에 더해 나중에 빼뜨기로 뜨는 테두리가 똑 떨어지는 라인을 만듭니다. 실은 사레도의 리리리를 썼습니다. 매트한 느낌의 릴리 얀이라서 면 니트인데도 무겁지 않습니다.

Design／이지마 유코
How to make／P.128
Yarn／사레도 리리리(RE re Ly)

목둘레

커브는 4 사이즈 공통으로 가운데 평평한 부분과 어깨폭은 다릅니다.

주머니

주머니 크기는 S&M, L&XL 2가지입니다.

소맷부리

암홀 줄임코는 4 사이즈 모두 같습니다. 소맷부리의 홀 부분을 깊게 파지 않고 암홀의 길이를 길게 만듭니다.

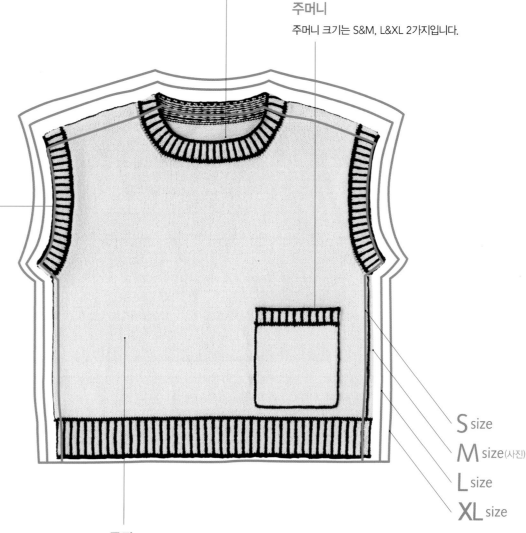

S size
M size(사진)
L size
XL size

몸판

몸판 전체가 메리야스뜨기라서 꼼꼼하게 사이징을 했는데 밑단 고무뜨기 무늬에 맞춰서 콧수를 조정합니다.

michiyo

어페럴 메이커에서 니트 기획 업무를 하다가 니트 작가로 활동하고 있다. 아기 옷을 비롯해 성인 옷에 이르기까지 다양한 책을 집필했다. 현재는 온라인 숍(Andemee)을 중심으로 디자인을 발표하고 있다. 〈털실타래〉에 실린 작품을 모아서 엮은 책 《michiyo의 4 사이즈 니팅》이 출간됐다.

Instagram : michiyo_amimono

※ 무늬를 기준으로 사이즈를 작성해서 치수 차이는 균등하지 않습니다.

내가 뜨고 싶은 작품
오구라 미호

photograph Bunsaku Nakagawa text Hiroko Tagaya

입체적으로 보이는 신기한 모티브.

넓이로 표현한 마방진 쿠션.

초록색이 좋다! 뒤판에는 한 입 벤 과일이.

독특한 입체감이 두드러지는 가방.

펜로즈 삼각형 모양으로 뜬 작품.

오구라 미호(小倉美帆)

도쿄 거주. 어머니는 일본에서 자수 작가로 유명한 오구라 유키코다. 어릴 적부터 자연스럽게 수예를 접하며 뜨개 관련 일을 했다. 현재는 순수하게 자신이 뜨고 싶은 작품을 뜬다. 고양이 8마리와 생활하면서 자신만의 케이지(아틀리에)를 직접 만들기 시작했는데 최근 꿈꾸던 모습에 겨우 가까워졌다고 한다. 중증 악어 매니아라서 관련 굿즈가 가득하다. 뜨개 책은 스타일북보다는 기법 관련 책을 선호한다.
X(구 트위터): mogura3wool, Math_crochet(수학 편물)

이번 게스트는 오구라 미호입니다. 가장 인상적인 것은 발랄함. 나이와는 관계없이 미호라는 사람의 개성에 어른스러운 넉넉함이 자연스럽게 묻어납니다. 자유롭고 즐거워 보이는 모습. 어머니는 널리 알려진 자수 작가입니다.

"어릴 적부터 어머니에게 다른 사람과 같은 걸 만들어서 어쩔 생각이냐는 말을 들었는데요. 그것이 긍정적인 굴레가 되어준 것 같아요."

어머니 말씀 덕분인지 초창기에 뜬 스웨터부터 남다릅니다. 흑백 악어 스웨터는 어릴 적부터 악어를 좋아해서 스웨터를 뜨기 시작한 지 얼마 안 됐을 때 직접 디자인해서 배색무늬뜨기를 했다고 합니다.

"아무도 본 적이 없는 것을 뜨고 싶어요. 완성하면 제일 먼저 보고 싶잖아요. 그래서 오십견 때문에 힘들어도 다른 사람에게 부탁을 못 한답니다(웃음)."

그녀의 실험 정신이 두드러지는 작품은 바로 수학 모티브 시리즈입니다.

"원주율 담요와 π 쿠션을 하비 쇼에서 전시했더니 수학자들이 말을 걸더라고요. 재미있는 도형이 있는데 뜰 수 있겠냐고요. 그렇게 교류가 시작되었어요. 어느새 작품이 늘었어요." 그 작품 중 하나가 이집트 카이로 거리의 타일이라고 불리는 오각형 모티브를 빽빽이 채워 넣은 담요입니다. "정오각형을 빽빽하게 채우려면 빈틈이 생기게 마련인데 각도를 조금 바꾸면 끝없이 연결할 수 있어요. 수학의 세계에서는 그렇게 채워지는 도형을 찾는 사람들이 있는데 2023년에 미국인이 발견한 것이 바로 이거예요."

보여준 것은 불규칙적인 무늬에 같은 크기의 조각을 연결한 담요였습니다.

"처음에 뜬 사람은 이 조각을 그대로 연결했는데 이 조각은 육각형을 분할해 무늬를 만들어서 단순히 조각을 이으면 조금 지저분해 보이는 점이 아쉬웠어요. 그래서 먼저 육각형으로 구성해서 색을 배색한 다음에 떠봤지요."

육각형으로 구성해야겠다는 생각을 떠올리다니 보통 사람은 아니다 싶었습니다. 그렇지만 미호는 자신을 작가라고 하지 않고 '아미모노'라고 부릅니다.

"뜨개를 일로 삼은 시기도 있었는데 저는 제가 뭘 좋아하는지는 잘 알지만 요즘 뭐가 유행하는지 사람들이 뭘 좋아하는지는 모르겠더라고요. 그래서 가족의 병간호 때문에 뜨개 일을 그만둔 후로는 좋아하는 걸 좋아하는 만큼 뜨고 있어요. 실험적인 작품이 많아서 실패작도 많답니다."

순수하게 뜨고 싶은 것만 뜬다니. 참 닮고 싶은 마음가짐입니다. 수많은 작품과 털실을 방안 적재적소에 수납하고 낮은 서랍으로 널찍한 벤치를 만든 작업실을 보며 인테리어마저 미호다워서 창작 욕구가 끓어올랐습니다. 이날 입은 스웨터도 재치가 넘치고 실험 정신으로 가득했습니다.

"허니콤 펜던트를 샀더니 거기에 맞춰서 벌집 모양의 스웨터를 뜨고 싶더라고요. 메모에는 '허니콤으로 허니콤'이라고 써 놨어요. 하하하하"

사실 뜨개에 특별한 규칙은 없을지도 모르겠습니다. 그런 생각이 들만큼 마음이 편안해지는 미호 월드였습니다.

1／친척들 사이에서도 미호의 악어 사랑은 유명하다. 조카가 선물한 악어 그림도 뜨개 인형으로. 2／털실 수납은 시행착오를 겪으며 바닥 쪽에. 3／수학과 뜨개질이 만난 계기를 제공한 π와 원주율 작품. 4／장난삼아 털실가게(Keito) 로고를 떠서 단 스웨터. 5／최근 미국에서 발견한 무한하게 연결되는 도형을 독자적인 뜨개법으로 표현. 6／모티브 KCAL을 통해 뜨개 도안대로 뜨는 즐거움에 눈뜨고 '즐거운 굴레'에서 해방됐다고 한다. 7／처음으로 악어를 뜬 것은 20대 무렵. 8／카이로의 오각형 타일을 모티브로 한 담요. 9／아버지와 함께한 추억이 담긴 과자를 모티브로 한 보드게임 작품.

2	1	
5	4	3
		6
9		
	8	7

모티브와 맞이하는 봄

화창한 날씨와 따스한 햇살에 이끌려서 나들이하고 싶어지는 계절.
새싹이 돋아나는 봄에 꽃이 만발한 크로셰 모티브가 춤추는 근사한 니트와 함께.

photograph Hironori Handa styling Masayo Akutsu hair&make-up Yuri Arai model Paulina(174cm)

투톤 컬러 모티브가 포인트로 대바늘뜨기
와 코바늘뜨기가 만나는 신선한 풀오버입
니다. 모티브는 앞판의 중심과 소매에 배치
하고 뒤판은 대바늘뜨기만 합니다. 비침무
늬와 양옆의 꽈배기 무늬도 꽃과 잎사귀처
럼 보이도록 디자인했습니다.

Design／오카 마리코
Knitter／미즈노 준
How to make／P.130
Yarn／스키얀 스키 워셔블 UV

4월 말에서 5월 초 슬슬 더워지는 초여름
에도 모티브를 이어 만든 반소매 옷이 있으
면 든든합니다. 청량감 있는 색깔에 자외선
차단까지! 모티브를 연결하고 모눈뜨기 베
이스를 줄무늬로 떠서 휘감아 잇기로 연결
합니다.

Design／YOSHIKO HYODO
Knitter／구라타 시즈카
How to make／P.132
Yarn／스키얀 스키 워셔블 UV

Sun Glasses／SLOW 오모테산도점
Bag／산타모니카 하라주쿠점

25

꽃밭처럼 꽃이 나란히 놓인 모티브가 매력
적인 볼레로. 메인 모티브는 사각 입체 모
티브와 모티브 사이를 채우는 삼각 모티브
2가지. 앞뒤 몸판은 이어서 뜹니다. 교외의
나들이로 꽃이 가득한 공원에 가서 실제 꽃
과 함께 연출하고 싶네요!

Design／가와이 마유미
Knitter／오키타 기미코
How to make／P.134
Yarn／올림포스 에미 그란데, 에미 그란데 '컬
러즈'

Salopette／하라주쿠 시카고(하라주쿠/진구마에
점)

봄을 반기는 마음을 가득 채운 꽃다발 같은 가방. 모스그린의 모눈뜨기 베이스에 알록달록 크고 작은 꽃과 딸기를 장식했어요. 10가지 색을 절묘하게 조합하는 것도 뜨는 즐거움 중 하나지요. 세트로 만든 팔찌도 멋지지 않나요?

Design／오카모토 게이코
Knitter／미야자키 미쓰코
How to make／P.144
Yarn／올림포스 샤포트

Vest／하라주쿠 시카고(하라주쿠/진구마에점)

입체 모티브의 배색법이 신선하고 임팩트
있는 디자인이에요. 존재감이 있는 큼지막
한 꽃 모티브를 배치했어요. 마치 액세서리
처럼 보이는 베스트는 모티브를 떠서 잇기만
하면 완성. 바로 입고 외출할 수 있답니다.

Design／오쿠즈미 레이코
How to make／P.124
Yarn／나이토상사 에프리데이 솔리드

Blouse／하라주쿠 시카고(하루주쿠/진구마에점)

한창 유행하는 실루엣이 매력적인 후드
카디건이에요. 몸판의 사각 모티브는 변
형이 없이 한 도안이라 손쉽게 완성할 수
있어요. 후드 중심에는 소매와 같은 무늬
를 넣었답니다. 신경 쓰이는 부분을 가려
줘서 날씬해 보이는 효과가 있는 벌룬 소
매예요. 봄의 멋내기를 만끽해봅시다.

Design／가마타 에미코
How to make／P.117
Yarn／나이토상사 에프리데이 솔리드

MENU

600
520
750
900

1300
1550
820

커다란 사각 모티브 24장을 연결하니 한 장의 멋스러운 레이스처럼 보이는 옷이 되었습니다. 더운 날에도 아주 유용해요. 액세서리처럼 걸치는 옷입니다. 캐주얼 코디에도 우아한 차림에도 어울리는 만능 아이템이에요.

Design／호비라 호비레
How to make／P.152
Yarn／호비라 호비레 코튼필 파인

Skirt・Scarf／하라주쿠 시카고(하라주쿠/진구마에점)

30

봄이 되면 하나쯤 갖고 싶은 아이템이에요. 새로운 만남과 새로운 가방! 계절이 바뀌면 걸치고 싶은 색도 바뀌게 마련입니다. 부드러운 봄의 색을 포인트로 한 모티브 가방을 시원스럽게 어깨에 메고 새로운 만남을 찾으러 외출해보아요.

Design／호비라 호비레　How to make／P.163
Yarn／호비라 호비레 코튼 셀리

One-piece／하라주쿠 시카고(하라주쿠/진구마에점)　Bangle／산타모니카 하라주쿠점

창문을 열고 바람 냄새를 맡았더니 인테리어에도 새로운 바람을 불어넣고 싶네요. 파스텔 칼라 배색이 귀엽지요. 만화경 같은 무늬의 모티브를 연결해서 만든 담요를 소파에 걸치면 익숙한 방안 풍경이 봄기운으로 가득.

Design／호비라 호비레　How to make／P.138
Yarn／호비라 호비레 코튼 셀리

EVENT

자료 제공 : 니트위트(Knitwit), 낙양모사

니트위트 프렌즈 데이, 미치요 작가 작품 전시회

2024년 1월 12일과 13일, 이틀 동안 인천에 위치한 니트위트에서 미치요 작가의 작품 전시회가 열렸습니다. 일본 뜨개 작가 미치요는 〈털실타래〉의 인기 코너인 'michiyo의 4사이즈 니팅'의 연재 작가이자 지금까지 27권의 도서를 출판했으며 최근에는 일본에서 신간 《michiyoの 4size knitting》을 출간했습니다. 이번 전시회에서 신간에 수록된 작품은 물론 레이블리(Ravelry)에서 도안을 판매 중인 작품들까지 작가의 다양한 작품 세계를 만나볼 수 있었습니다. 전시회에서 한국의 독자와 니터들은 미치요 작가와 함께 사진을 찍기도 하고 도서에 사인을 받거나, 뜨개 기법, 작품 구상 시 영감을 받는 방법, 편물 디자인에서의 우선 순위 등 뜨개와 관련된 여러 가지 주제로 이야기를 나누었습니다. 이번 전시를 주최한 니트위트는 앞으로도 다양한 글로벌 작가를 초빙해 여러 이벤트를 진행할 예정입니다. (인스타그램 @knitwit_store에서 니트위트의 최신 소식을 확인할 수 있습니다.)

1／미치요 작가와 대화를 나누는 현장 2／미치요의 작품들이 진열된 모습 3／참가자를 위해 사인을 해주는 미치요

〈A POT WITH〉 : 반려 식물에 관한 상상

1／앙증맞은 발이 달린 팟커버 2／색을 바꾸거나 헤드셋을 씌우는 등 다양한 베리에이션 3／헤드셋을 쓴 팟커버와 어울리는 몬스테라

손을대지마십시오

〈A POT WITH〉는 뜨개질을 통해 식물의 집인 팟커버를 만들어보는 프로젝트로, 뜨개 작가 '몬순', 식물 브랜드 '유니크식물', 뜨개실 제조 회사 '낙양모사'가 함께했습니다. 식물에 관한 상상에서 출발한 이번 프로젝트에서는 유니크식물의 개성 넘치는 무늬를 가진 식물 친구들과 몬순 작가 특유의 담백한 귀여움이 가득한 팟커버를 만날 수 있습니다. 팟커버는 'A pot with feet', 'A pot with music', 'A pot with a pocket' 총 세 가지 디자인으로 구성되어 있으며, 각각의 이름처럼 발이 있거나 헤드셋을 쓰거나 작은 주머니가 달려 있습니다. 몬순 작가와 유니크 식물은 각자의 스토리를 가진 초록 식물들의 주체적인 삶을 응원하는 마음을 이번 프로젝트에 가득 담아냈다고 합니다. 이 프로젝트의 일환으로 플레이스 낙양에서는 뜨개 키트와 분갈이를 함께 배울 수 있는 클래스도 함께 진행되었습니다. 세상에 단 하나밖에 없는 무늬를 가진 희귀 식물과 반려 식물을 위한 귀여운 팟커버 DIY 키트는 2월 23일부터 낙양스토어에서 판매되며, 무인양품 롯데월드몰점에서 진행되는 'OPEN MUJI' 전시에서도 3월 15일부터 만날 수 있습니다.

참가자가 뜬 뜨개 바탕도 전시.

알록달록한 털실 마켓 즐거운 이토마!

글/케이토다마 편집부

많은 방문객으로 활기 넘치는 전시회장. 뜨개 팬으로 가득찬 공간을 모두가 함께 만들 수 있었다.

1／전시회장 모습. 각자 관심 있는 제품을 찾아서. 2／주인공인 털실이 전시회장을 물들인다. 3／요즘 콘사가 자주 눈에 띈다. 4／안이 보이는 럭키백. 5／베른트 케스틀러(Bernd Kestler)도 참가해 전시회를 더욱 뜨겁게 달궜다.

양말 외에도 많은 뜨개 샘플이 넘쳐났다.

2023년 11월 2일과 3일 이틀간 일본 보그사 부설 크래프팅 아트 갤러리에서 〈케이토다마〉 편집부가 주최하는 마켓 이벤트 '즐거운 이토마!'를 열었습니다. 5번째를 맞이하는 이번 행사에는 최근 주목을 받는 털실 점포 27곳이 참가했습니다. 해마다 이토마의 인지도가 높아지면서 예년에 비해서도 훨씬 성황리에 끝났습니다. 〈케이토다마〉 독자, 뜨개와 털실을 좋아하는 뜨개인을 비롯해 디자이너, 업계 관계자, 외국인까지 1,800명을 넘는 여러 뜨개 팬들이 행사장을 찾았습니다.

마켓 입장은 전년과 동일하게 온라인으로 예약하고 관람 시간은 2시간으로 제한했습니다. 하지만 이번부터 〈케이토다마〉 구독자는 예약하지 않고 먼저 입장이 가능한 혜택도 생겼지요. 예년과 다른 입장 방법에 운영진도 꼼꼼하게 준비했습니다. 그 덕분인지 큰 문제는 없었답니다. 참가 업체와 방문자의 협력에 힘입어서 안전하고 안심하며 즐기는 이토마였습니다.

인기 점포인 '채피 얀(Chappy Yarn)', '이토리코(ITORICO)', '퍼피 시모키타자와점(パピー下北沢店)'을 비롯해 처음으로 '히쓰지노 메구미(ひつじのめぐみ)', '니팅 버드(Knittingbird)', '이토바타케(itobatake)', '퀴?이토(QUE?ITO)', '아틀리에 얀' 같은 브랜드도 참여했습니다. 2022년과 다른 라인업의 털실이 전시장을 물들였습니다. 각 참가 업체는 이토마를 위해 특가품과 한정판 색깔, 키트, 굿즈를 준비해서 방문객이 마켓을 풍성하게 즐길 수 있었습니다. 주최측도 갖고 싶은 상품으로 가득해서 내심 방문객을 부러워했다는 후문입니다. 지금 주목받는 작가인 아무히비와 이미 업계의 레전드인 바람공방 작가의 사인회는 물론 깜짝 이벤트도 마련했습니다.

나도 모르게 빨려 들어갈 듯한 '비밀의 뜨개 마켓'을 형상화한 전시장에는 알록달록한 털실이 넘쳐났습니다. 그 속에서 방문객이 자유롭게 즐기는 모습은 너무 멋져서 뜨개 팬으로서 감격적이라 눈물이 날 뻔했습니다. 〈케이토다마〉에서도 친숙한 뜨개꾼 203gow의 애교가 넘치는 모습의 곤충과 해파리 오브제는 뜨개 팬이 함께 뜬 뜨개 화환과 함께 행복에 겨워 춤추는 듯 보였습니다.

YouTube 채널 '아미모노 채널'을 통해 전시회장의 모습을 라이브 방송하기도 했습니다. "늘 보고 있어요." 같은 응원 댓글에 라이브 방송팀(케이토다마 팀 돗시, 소설가 요코야마 다쓰야)의 열기도 달아올랐습니다. 라이브 방송을 보고 털실 점포를 알게 된 사람도 있다는 말을 듣고 다음 행사를 준비할 때 새로운 아이템에 관한 힌트를 얻기도 했습니다. 이토마가 끝난 후에는 함께 모여 '평가회'를 하면서 다양한 피드백을 받았습니다.

아직 개선의 여지가 있으니 다음에는 더욱 파워업한 모습으로 참가자가 만족할 만한 행사가 되도록 힘쓰겠습니다. 감사합니다!

저는 인도 서부와 일본 시가현, 두 곳에 거점을 두고 블록 프린트 작품을 제작하는 무카이 시오리라고 합니다. 제가 소속된 인도 공방에서는 '아즈라크(Ajrakh)'라고 불리는 기법으로 천을 염색합니다. 공방은 구자라트(Gujarat)주의 쿠치(Kutch)현에 있는데 이 지역은 예전에 독립 국가였기에 지금도 독자적인 문화가 상당 부분 남아 있습니다. 특히 이 땅에서 생산된 직물은 전 세계 텍스타일 팬을 사로잡는 매력으로 넘치는데요. 저도 그 매력에 빠진 사람 중 하나입니다.

쿠치의 텍스타일

아즈라크에 관해서 이야기하기 전에 쿠치의 텍스타일을 소개하겠습니다. 가장 유명한 텍스타일은 바로 자수입니다. 쿠치에는 크게 나눠서 12개의 공동체가 있습니다. 공동체마다 각자 개성이 넘치는 독자적인 자수 문화가 존재합니다. 공동체 가운데는 낙타를 기르는 유목민도 있는데요. 낙타에 가재도구를 싣고 이동하면서 생활하려면 간편하게 접어서 수납할 수 있어야 합니다. 그러면서도 펼치면 공간과 사람을 꾸밀 수

열염색 공정을 거쳐서 넓은 대지에 말리는 인도 여성복 사리. 코로나 팬데믹 때 지은 넓은 공방에서.

있는 자수천은 정말 요긴한 존재겠지요. 쿠치의 전통 자수 계승을 위해 애쓰는 NGO도 여럿 있는데 이들의 활약 덕분에 지금은 안정된 환경에서 여성들이 멋진 직물을 만들고 있습니다.

로건아트(Rogan Art)는 정말 독특합니다. 그 기원은 고대 페르시아 텍스타일로 약 400년 전에 쿠치의 니로나 마을에 전해졌다고 합니다. 피마자기름에 안료를 갠 페

인도 서쪽 끝 쿠치에 전해지는 블록 프린트

아즈라크

취재·글·현지 촬영/무카이 시오리 촬영/모리야 노리아키 편집 협력/가스가 가즈에

이스트를 위에서 늘어뜨려서 천에 자유롭게 그림을 그립니다. 1950년 이후 기계 방직이 그 자리를 차지하면서 1985년 무렵에는 로건 아트의 명맥이 끊길 뻔했지만 공동체 밖으로 시선을 돌려 판로를 개척하고 지역 장식품을 비롯해 국제적인 예술 작품으로 승화하는 과정을 통해 전통을 존속시켰습니다. 지금은 인도 총리이자 구자라트 출신인 나렌드라 모티가 여러 나라에 선물하는 물건으로도 유명합니다.

그외에도 바틱(Batik) 블록 프린트와 품종을 개량하지 않은 재래종 면화를 써서 천을 짠 카라 코튼 카디(Kala Cotton Khadi), 펠트 워크 등 쿠치에는 다양한 텍스타일뿐만 아니라 매력적인 공예가 다양하게 남아 있습니다.

4,500년 역사를 지닌 아즈라크

제가 작업하는 공방은 쿠치의 아즈락푸르(Ajrakhpur)에 있습니다. 푸르가 마을이라는 뜻이니 아즈락푸르는 아즈라크를 위한 마을이라는 뜻입니다. 원래 아즈라크는 다른 마을에서 제작했는데 2001년 쿠치에 큰 지진이 나면서 물의 흐름이 바뀌었습니다. 그에 따라 수질도 변했습니다. 천연재료로 물들이는 아즈라크는 수질에 따라서 염색 결과물이 달라지므로 적합한 물을 찾아서 아즈락푸르라는 마을을 만들었습니다.

아즈라크는 4,500년의 역사가 있다고 합니다. 약 4,500년 전에 멸망한 모헨조다로(Mohenjo Daro) 유적에서 발굴된 신관왕 조각에 새겨진 의복 문양을 아즈라크의 기원으로 보고 그때부터 아즈라크가 시작되었다고 여깁니다. 아즈라크의 기하학무늬는 자연에서 많은 영감을 얻는데 초목과 꽃, 구름, 파도, 별 등이 모티브가 됩니다.

로건아트와 마찬가지로 1950년 무렵부터 저렴한 기계 방직물과 화학 염색이 대두되면서 수요가 줄어서 20년 정도 명맥이 끊겼습니다. 현재 소속된 공방은 아즈라크를 염색하는 집안의 10대째인 수피안 카트리(Sufiyan Khatri)가 대표를 맡고 있습니다. 8대째인 그의 할아버지가 아즈라크 부흥에 앞장섰고 9대째인 그의 아버지가 쿠치 대지진을 경험하며 아즈락푸르를 만들고 10대째인 그가 국내외를 가리지 않고 적극적으로 아즈라크를 알리는 데 힘쓰고 있습니다. 아즈라크를 대표하는 집안의 하나라고 해도 지나치지 않습니다. 아즈라크는 16일 동안 16단계를 걸쳐 만들어집니다. 그 과정을 몇 개 간략하게 소개하고자 합니다.

공방 선반에 진열된 판목. 인디고 페이스트로 염색해서 파란 물이 든 것도 있다.

A／처음 찍은 무늬에 겹쳐서 두 번째 무늬를 날염하는 모습. B／공방에서 일하는 모슬렘 남성들. C／프린트한 천을 쪽물에 담가서 바탕을 염색하는 모습. D／가자나무 침염을 한 사리. 옅은 노란색이 됐다. E／두 번 쪽염색해서 진하게 물든 천. 방염한 하얀색 줄무늬가 눈에 띈다. F／하얀색, 검은색, 빨간색, 쪽색 구성은 아즈라크의 대표적인 배색법이다.

아즈라크 작업 공정

[정련] 직물을 더욱 아름답게 물들이기 위해서 불순물이나 직조 과정에서 묻은 전분을 제거하는 작업입니다. 탄산나트륨, 피마자기름, 낙타의 분을 뜨거운 물에 녹인 다음 천을 담급니다. 물기를 꼭 짜서 하룻밤 놓아두었다가 다음 날 햇볕에 말립니다. 그리고 물에 담가서 두드리면서 뺍니다.

[가자나무 침염] 가자나무라는 천연재료로 정련이 끝난 천을 물들입니다. 초목 염색 같은 천연염료는 단독 염색을 하면 결과물이 일정하지 않기 때문에 매염제를 사용하여 안정화해야 하는데 가자나무는 안정화에 이용됩니다.

[판목을 사용한 프린트] 섬세한 무늬가 새겨진 판목에 페이스트(잉크)를 문혀서 가자나무 침염을 끝낸 직물에 찍습니다. 아라비아 고무를 사용한 방염 페이스트, 철분과 명반이 들어간 매염 페이스트, 인디고 페이스트가 대표적입니다. 최근에는 작업 효율을 높이고 새로운 배색을 위한 페이스트를 개발해서 마을을 방문할 때마다 산뜻하고 새로운 프린트 직물을 발견합니다.

[쪽 염색] 쪽 염색에는 인디고 페이스트 프린트를 활용한 것과 침염을 활용한 것 두 가지가 있는데 침염을 1회, 2회 반복하거나 반대로 물을 더해서 옅게 만듭니다. 또는 식물 염료로 반복해서 염색하면 색이 바뀌는 등 아즈라크 쪽 염색은 굉장히 다양한 방법으로 실시됩니다.

[세탁] 프린트한 직물을 흐르는 물에서 뺍니다. 프린트된 페이스트가 천 위에 바짝 말라 있어서 물에 헹구고 콘크리트에 두드리기를 여러 번 반복하면서 여분의 페이스트를 제거합니다.

[열염색] 깨끗하게 빤 직물을 뜨겁게 가열한 염료에 담가서 침염합니다. 주

프린트를 끝낸 천은 밖으로 운반해 햇볕에 말린다.

로 명반이 들어간 페이스트를 프린트한 부분이 식물 염료와 반응해 다양한 색으로 바뀝니다. 프린트하는 페이스트 개수는 한정되어 있지만 끓여서 염색하는 공정을 거치며 마지막으로 발현되는 색의 스펙트럼은 훨씬 넓습니다. 그 색 종류를 매년 늘리고 있는데 특히 코로나 팬데믹 상황에서 다양한 실험을 진행하였습니다.

자신의 활동에 관해서

나날이 블록 프린트의 새로운 표현법을 모색하고 있습니다. 양산 기술이 발전한 실크 스크린과 기계 프린트의 전신인 블록 프린트는 지금도 얼마나 빨리 아름답게 같은 결과물을 양산할 수 있는지에 따라서 기술자의 역량을 가늠하기 때문에 프린트의 핀트가 엇나가면 실패한 작품으로 간주합니다. 말 그대로 아침부터 밤까지 끊임없이 프린트하는 그들의 집중력과 체력, 그 품질은 옆에서 보다 보면 무서울 정도입니다. 하나하나 사람 손으로 찍어내기 때문에 연출되는 미묘한 차이가 블록 프린트를 하는 재미의 하나가 아닐까 싶습니다. 그러므로 자기 작품을 만들 때는 의도적으로 어긋나게 찍고 흠집을 내서 재현하기 힘든 디자인 기법을 다양하게 도입합니다. 새로운 디자인의 판목을 파서 프린트하는 것보다 이미 공방에 있는 것으로 얼마나 재미있게 표현할 수 있는지 궁리하며 하루하루 제작하는 일이 즐겁습니다.

같은 디자인으로 두 장을 염색해 한 장은 일본에 가져와서 전시회를 통해 발표합니다. 다른 한 장은 공방 아카이브에 보관합니다. 공방은 이 아카이브를 토대로 인도 시장에 맞는 디자인과 배색을 조정해 제품화합니다.

이러한 작업 흐름이 완성될 무렵 코로나가 발생했습니다. 그때까지 제작은 모두 인도에서 완성했기에 일본에는 제작 환경도 염색할 염료도 없는 상황이었습니다. 마침 교토의 다나카 나오 염료점(田中直染料店)과 협력을 하면서 아즈라크를 최대한 재현한 '내추럴 블록 프린트 키트'를 개발해서 판매까지 하게 됐습니다. 저도 일본에서 작품 제작이 가능해지면서 전시 활동을 이어갈 수 있었습니다. 또 아즈라크 워크숍을 개최하면서 초목 염색 블록 프린트를 해보고 싶어하는 사람들이 있다는 사실을 알게 되었습니다. 참가한 분들이 다양한 각도에서 블록 프린트를 도입하는 것을 보고 저도 많이 배웠습니다.

내추럴 블록 프린트 판매 수익 일부를 매년 아즈락푸르의 초등학교에 기부하기에 일본에서 블록 프린트를 즐기는 사람이 늘면 늘수록 아즈락푸르 주민과 다나카 나오 염료점, 물론 저도 행복해지는 선순환 구조가 완성되었습니다.

얼마 전에는 아즈락푸르 외에 공방이 두 곳 생겼습니다. 한 곳은 쿠치를 거점으로 한 NGO '슈르잔(Shrujan)'입니다. 자수를 주축으로 쿠치의 다양한 수공예품을 제작·판매합니다. 그중에서도 자수를 생업으로 하는 여성의 경제 환경 개

세계 수예 기행 「인도」
아즈라크

선을 지원하면서 전통 공예 계승을 위해 노력하고 있습니다. 자수 외에도 슈르잔은 쿠치의 다양한 수공예를 다루는데 블록 프린트 부분에서도 마찬가지로 새로운 표현법을 모색하고 다른 텍스타일 분야로 활동 영역을 넓혀가고 있습니다.

다른 공방은 홀치기와 이타지메(홀치기 염색의 변형:역주), 쿠치의 전통 염색의 하나인 '반다니(Bandhani, 홀치기와 유사하며 아주 작은 부분을 염색한다)' 기술로 직물을 염색하는 'SIDR 크래프트'입니다. 이 공방도 역시 염색 기술을 사용해서 새로운 표현법을 함께 모색하고 있습니다. 같은 염색이라도 블록 프린트와는 머리 쓰는 법이 달라서 공방은 서로 오가면서 좋은 자극을 받고 있습니다.

오간다고 하니 생각나는데요, 일본과 인도에서 일정 기간 머무르면서 번갈아 가며 제작하는 것도 좋은 방향으로 흘러갑니다. 인도에서 배운 것을 일본에 가지고 돌아와서 작품 제작에 활용하고 워크숍 참가자와 공유하며 영감을 얻습니다. 그것을 다시 인도에 가지고 가서 현지의 기술자와 NGO 사람과 공유하는 사이클도 만족스럽습니다. 앞으로는 이런 활동을 제3국에서 펼쳐도 재미있을 것 같다는 꿈을 꾸고 있습니다.

로건아트를 확대한 그림. 생명의 나무, 공작새 모티브가 보인다.

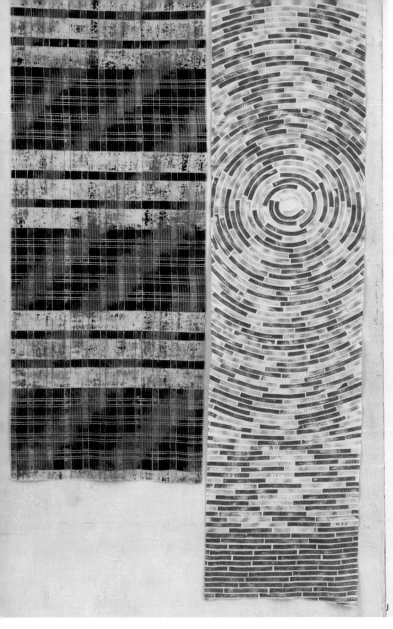

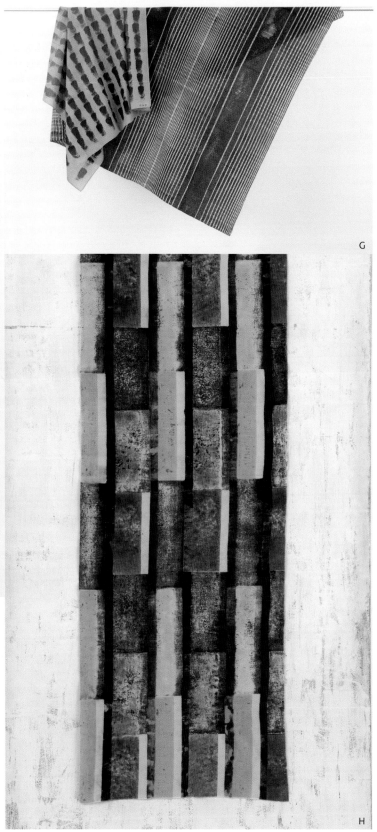

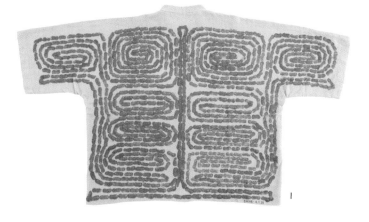

G／왼쪽 작품은 일본에서, 오른쪽 작품은 인도에서 제작. 할 수 있는 것이 다른 점도 재미있다. H／미대 졸업 후, 인도 공방에 머물며 첫해에 제작한 작품. 굵은 듯한 효과를 많이 활용했다. I／인도에서 제작한 카디의 셔츠에 손가락으로 프린트를 시도한 작품. J／왼쪽) 블록 프린트로 만든 평행선과 붓으로 직접 그린 사선을 조합한 작품. 오른쪽) 기다란 고무판을 양손에 잡고 휘게 해서 판 모양을 바꿔가며 프린트했다. K／아즈락푸르의 초등학교 교사(왼쪽)와 10대째 스피안(오른쪽)과 함께.

무카이 시오리(向井詩織)

텍스타일 아티스트. 일본 홋카이도 출생. 무사시노 미술대학교 조형학부 공예공업디자인학과 졸업. 인도 서부 쿠치현과 일본 시가현 두 곳을 거점으로 천연 염색 블록 프린트를 하고 있다. 쿠치 공방은 모슬렘 남성만 있었는데 텍스타일 아티스트로서 홀로 뛰어들어 이전에는 없던 블록 프린트로만 만들어낼 수 있는 무늬를 모색하고 있다. 일본에서는 제작과 전시 활동을 기반으로 워크숍과 강연 등을 한다.

봄을 알리는 구근화

생김새는 비슷비슷한 양파처럼 생긴 구근들. 밑동을 물에 담가두면… 어머나, 신기해라.
저마다 옹긋쫑긋 잎이 자라나 전혀 다른 꽃이 피어나는 신비로움. 3종류의 뜨개 알구근, 떠서 피우자!

photograph Toshikatsu Watanabe styling Terumi Inoue

히아신스와 튤립

구근의 대표 꽃 히아신스. 볼륨감 있는 생김새에 문
자 그대로 화려한 꽃을 피우는 구근입니다. 골목 화
단에서 흔히 볼 수 있는 튤립도 구근이 달린 것이라
면 어딘가 신선한 느낌. 늘씬하고 아름다워 추천합
니다.

Design／마쓰모토 가오루
How to make／P.154
Yarn／올림포스 에미 그란데 〈컬러즈〉, 25번 자수실

스노드롭

모아심기로 친숙한 희고 사랑스러운 스노드롭도
구근으로 수경재배가 가능합니다. 구근류 중에서
는 개화가 빠르며, 꽃말은 '희망'입니다.

Design／마쓰모토 가오루
How to make／P.154
Yarn／올림포스 에미 그란데 〈컬러즈〉, 25번 자수실

수경재배의 묘미는 무언가가 나오는 순간! 흰 뿌리가 쏙 나와
몽실몽실 자라고, 구근의 꼭대기에서 잎이 얼굴을 내밀고, 한
가운데에 아직 여물기 전의 꽃망울이 모습을 드러내면… 정말
참을 수 없어요! 실물 꽃도 좋지만, 계절에 앞서 뜨개꽃으로 먼
저 떠서 장식해버리는 것도 재미있습니다. 히아신스의 꽃은 각
색의 농담 2색으로 떴습니다. 생생한 분위기의 비밀은 꽃을 다
뜬 후의 작은 정성에 있어요. 튤립도 각 색을 써서 뜨고, 꽃
잎의 안쪽과 바깥쪽 뜨는 법을 달리했습니다. 스노드롭의 꽃잎
과 고개를 살짝 숙인 모습까지 재현하니, 역시 근사합니다!

Enjoy Keito

공들인 디자인에도 심플한 디자인에도 잘 어울리는 Keito 오리지널 얀 '우루리'의 작품을 소개합니다.

photograph Hironori Handa styling Masayo Akutsu hair&make-up Yuri Arai model Paulina(174cm)

Keito
ururi
케이토 우루리

울 65%, 나일론 30%, 리넨 5%, 색상 수/8, 1볼/100g, 실 길이/약 400m, 실 종류/중세, 권장 바늘/3~5호
울의 부드러움과 나일론의 견고함, 컬러풀하게 염색된 리넨이 은은하게 들어간 Keito의 오리지널 얀. 의류나 숄 외, 양말에도 적합합니다.

보통의 베스트 '라운드'

Keito에서 호평을 받고 있는 '보통의 스웨터' 시리즈에 베스트가 등장. 메리야스뜨기의 라운드 넥으로 어깨 경사뜨기(되돌아뜨기)가 없는 디자인입니다. 처음 의류를 뜨는 사람에게 추천합니다.

Design／Keito
How to make／P.143
Yarn／Keito 우루리

Blouse, Skirt／SLOW 오모테산도점

40

HASEGAWA SEIKA

Silk HASEGAWA 세이카

모헤어 60%, 실크 40%, 색상 수/40, 1볼/25g, 실 길이/약 300m, 실 종류/극세, 권장 바늘/대바늘 0~3호
심지가 실크라서 고급스러운 광택감이 있습니다. 솜사탕처럼 가볍고, 포근하게 감기는 느낌으로 마무리됩니다. 조금 가는 실과 같이 떠 볼륨감과 광택감을 더하는 것도 가능해요.

봄의 프릴 숄

굵기와 소재감이 다른 2종류의 실을 사용한 봄다운 경쾌함의 얇은 숄. 같이 뜨지 않고 번갈아 떠 나가며, 무늬뜨기와 프릴을 즐겨보세요.

Design／hiquali
Knitter／스토 데루요
How to make／P.139
Yarn／Keito 우루리, Silk HASEGAWA 세이카

Jacket／하라주쿠 시카고(하라주쿠/진구마에점)

니트 스포티 캐주얼

날씨가 조금씩 따뜻해지면서 몸도 마음도 움직이고 싶은 기분.
봄 햇살 아래 직접 뜬 스포티 스타일을 즐겨보세요.

photograph Shigeki Nakashima styling Kuniko Okabe,Yuumi Sano
hair&make-up Hitoshi Sakaguchi model Anna(173cm)

스포츠웨어를 일상 패션에 끌어들인 스
포티 캐주얼. 스타일링하기 쉬운 베이직
한 후드티는 기장을 짧게 해서 활동적으
로. 산뜻한 컬러로 포인트를 준 스웨트풍
의 디자인이 멋스러워요!

Design／오카 마리코
Knitter／우치우미 리에
How to make／P.142
Yarn／DMC 에코 비타 388 리사이클 코
튼

테니스 선수의 이름에서 유래한 틸덴 베
스트도 이제는 대표적인 패션 아이템.
깊은 슬릿이 색다른 느낌을 주는 멋스러
운 디자인입니다. 리사이클 소재 100%
의 친환경 실은 코튼의 소재감도 매력적
입니다..

Design／바람공방
How to make／P.158
Yarn／DMC 에코 비타 388 리사이클
코튼

Glasses／글로브 스펙스 에이전트

GREEN

푸른 하늘에 비친 부드러운 신록을 닮은 그린 숄. 조개무늬뜨기와 피코뜨기를 번갈아 뜬 바탕무늬에 네트뜨기 테두리로 우아하게 장식했어요.

Color Palette
봄바람 숄

즐겨 입는 원 톤 코디에 화사함을 더해줄 컬러풀 숄.
컬러마다 다른 각각의 바람을 감고, 즐기는 봄.

photograph Shigeki Nakashima styling Kuniko Okabe,Yuumi Sano
hair&make-up Hitoshi Sakaguchi model Anna(173cm)

Design／오카 마리코
Knitter／오카 지요코, 마노 아키요
How to make／P.146
Yarn／올림포스 에미 그란데

GRAY

피부색과 잘 어우러지고 차분한 분위기의 아이스그레이. 이번 숄 중에서 폭과 기장 모두 가장 큰 숄입니다. 테두리뜨기는 과하지 않게 해서 더욱 지적인 인상을 줍니다.

PINK

봄의 방문을 가장 먼저 느끼게 해주는 꽃분홍색의 바이컬러 숄. 가볍게 걸칠 수 있는 좁은 폭, 짧은 기장이지만, 풍성한 프릴의 존재감이 매력적입니다.

BEIGE

산들바람에 흔들리는 프린지가 봄을 부르는 베이지 숄. 휙 감는 것만으로도 어쩐지 행복한 기분이 듭니다. 액세서리처럼 기분에 따라 고르세요.

BLUE

어떤 옷과 매치해도 안심인 만능 컬러 블루. 풍성한 프릴도 시크한 인상을 줍니다. 때와 장소를 가리지 않고 걸칠 수 있는 유연성도 매력입니다.

Yarn Catalogue

봄·여름 실 연구

가벼운 실, 부드러운 실, 색깔이 고운 실…
어떤 실로 뜰지 고민하는 시간이 행복해요.

photograph Toshikatsu Watanabe styling Terumi Inoue

 스키 미나모
스키 모사

면과 마가 섞인 멜란지풍의 스트레이트 얀에 컬러풀한
라메 실과 미니 루프 얀을 감은 팬시 얀. 천연 소재의
내추럴감과 은은하게 반짝이는 컬러 라메의 매력이 조
화를 이룬 봄여름 실다운 실입니다.

Data
면 57%, 마 24%, 아크릴 10%, 폴리에스테르 5%, 나
일론 4% 색상 수／7, 1볼/30g ·약 102m, 실 종류／
중세, 권장 바늘／3∼4호(대바늘)·3/0∼4/0호(코바늘)

Designer's Voice
봄의 부드러운 색조에 라메의 반짝거림이 고급스럽게
섞인 고운 실입니다. 감촉이 좋고 술술 떠졌어요.(오타
신코)

에코 비타 388 리사이클 코튼
DMC

100% 리사이클 튜브 실로 80%가 리사이클 코튼,
20%가 그 외 리사이클 섬유로 만들어졌어요. 실은 부
드럽고 청량감이 있으며, 대자연에서 영감을 받은 30
색의 풍부한 컬러 변주로 입는 사람을 따지지 않습니
다. 실의 상표가 물에 녹아 빨랫비누가 되는 점도 독특
합니다.

Data
리사이클 코튼 80%, 그 외 리사이클 섬유 20%, 색상
수／30, 1볼/100g ·250m, 실 종류／병태, 권장 바늘
／7∼9호(대바늘)·7/0∼8/0호(코바늘)

Designer's Voice
코튼 실이지만 체인꼬임이라서 가볍게 마무리됩니다.
탄탄해서 교차무늬도 깔끔하게 나옵니다.(바람공방)

다이아 시실리
다이아몬드 모사

광택감이 있는 가느다란 슬러브나 코튼 등 다른 소재를 같은 계열 색으로 조합해 음영이 있는 믹스 컬러로 완성했습니다. 여러 갈래의 실을 극세 클리어 라메로 커버링함으로써 표면에 투명한 반짝임이 생겨나, 밝은 봄의 빛이 느껴집니다.

Data
폴리에스테르 37%, 아크릴 28%, 레이온 21%, 면 7%, 나일론 7%, 색상 수／8, 1볼/30g·약 99m, 실 종류／합태, 권장 바늘／5〜6호(대바늘)·4/0〜5/0호(코바늘)

Designer's Voice
가느다란 반짝거리는 실이 섞여 은은한 화사함이 있는 실입니다. 뜨는 느낌도 좋고, 보슬보슬한 감촉이에요.(기시 무쓰코)

다이아 풀리아
다이아몬드 모사

랜덤으로 나누어 염색한 슬러브 실, 단색 스트레이트, 다색 극세 스트레이트 등 다양한 소재와 색을 조합해 만들었습니다. 슬러브 모양은 색의 흐름에 강약을 만들고, 뜨개바탕의 변화에 따라 다채로운 표정을 보여주는 즐거운 실입니다.

Data
아크릴 56%, 폴리에스테르 28%, 레이온 16%, 색상 수／8, 1볼/30g·약 102m, 실 종류／합태, 권장 바늘／5〜6호(대바늘)·4/0〜5/0호(코바늘)

Designer's Voice
감촉이 좋고 부드러워서 술술 떠졌습니다. 적당히 드리워지는 느낌으로, 몸을 타고 흐르는 아름다운 실루엣을 만듭니다.(가와이 마유미)

슈퍼 워시 스패니시 메리노
DARUMA

섬세하고 부드럽지만 질기고 탄력성이 있는 스페인 메리노를 사용한 삭스 얀. 일반적인 방축 가공과는 달리 자연스러운 광택감과 볼륨감이 있는 털실입니다. 나일론 혼방으로 마찰에 강해 손쉽게 다룰 수 있습니다.

Data
울 80%(스패니시 메리노 울·방축 가공), 나일론 20%, 색상 수／9, 1볼/50g·약 212m, 실 종류／중세, 권장 바늘／1～3호(대바늘)·3/0호(코바늘)

Designer's Voice
가늘지만 탄력성과 내구성이 뛰어난 뜨기 좋은 실입니다. 베이직한 색부터 악센트 컬러까지 다양해 고르는 즐거움이 있어요.(니시무라 도모코)

에브리데이 솔리드
나이토상사

안티 필링이라서 보풀이 생겨도 제거하기 쉽습니다. 세탁이 가능하고 부드러워 유아용으로도 추천해요. 아크릴 100%라고는 믿기지 않는 부드러운 감촉과 광택이 특징인 에브리데이가 더욱 뜨기 좋게 리뉴얼됐습니다.

Data
아크릴 100%, 색상 수／24, 1볼/100g·약 250m, 실 종류／병태, 권장 바늘／6～7호(대바늘)·6/0호(코바늘)

Designer's Voice
아크릴 100%인데도 뻣뻣함 없는 부드러움과 자연스러운 광택이 있어요. 굵기가 적당해서 아주 뜨기 좋은 실입니다.(가마타 에미코)

알록달록 봄의 색으로 가득한 뜨개 편집숍

취재 : 정인경 / 사진 : 김태훈

추위가 사그러들면 니터들에게 찾아온다는 뜨태기. 뜨태기를 극복하는 방법 중 하나는 예쁜 실을 사용해보는 것이다. 뜨개는 무조건 예쁜 실로 해야 중간에 지루해지지 않는다. 꼭 비싼 실을 쓸 필요는 없지만 내 맘에 쏙 드는 예쁜 실을 써야 한다는 것만은 확실하다. 올 봄에는 알록달록 한 색으로 뜨태기를 극복해보자. 봄을 가득 담은 색상으로 눈을 즐겁게 해주는 뜨개 편집숍을 둘러보다 보면 무엇이든 뜨고 싶다는 마음이 몽글몽글 솟아날 것이다.

취미가 힐링이 되는 공간, 미스티코티타

한강진역에서 도보 7분, 한남동 고즈넉한 뒷길에 자리잡은 뜨개 편집숍. 맛집과 분위기 좋은 카페들이 자리하고 있어 오가는 사람이 많은 이 길에서 10년 째 운영하고 있는 미스티코티타는, 뜨개를 즐기는 사람들 사이에서는 이미 유명한 브랜드다. 같은 자리에서 오래 운영하고 있기 때문에 미스티코티타 매장에는 다른 매장에서는 쉽게 찾아볼 수 없는 세월의 흔적들이 고스란히 쌓여 있다. 구석구석 자리를 잡고 있는 다양하고 예쁜 상품들을 하나하나 살펴보다 보면 즐거움에 숨이 찰 정도. 미스티코티타 한남점이 지향하는 것은 완제품 판매. 꼭 뜨개 제품을 찾는 사람이 아니더라도 오가는 사람들이 편하게 들어와 기념품을 구매할 수 있도록 제품을 진열했다.

뜨개에 대한 수요가 많지 않았던 시절부터 지금까지 계속 자리를 지킬 수 있었던 것은 미스티코티타만이 할 수 있는 일을 찾아 빠르게 특화시켰기 때문. 미스티코티타의 제품은 1~2시간 안에 완성할 수 있을 정도로 쉽고 간단하다. 그렇기 때문에 기업 특강이나 손쉬운 뜨개 제품을 찾는 원데이 클래스를 많이 운영하며, 반응도 좋다.

주소 : 서울시 용산구 이태원로54길 32 1층
운영 시간 : 11:00~18:00(매주 월요일 휴무)
인스타그램 : @mystikotita

1／한남동 골목을 10년째 지키고 있는 미스티코티타. 2／미스티코티타는 외국 손님이 유난히 많아서 각국의 인사말을 적은 카드를 비치해두었다. 3／편하기 들기 쉬운 코바늘 가방이 미스티코티타의 시그니처. 4／다양한 제품을 직접 들어보고 구매할 수 있다. 5／액세서리를 담아둘 수 있는 코바늘 트레이. 6／직접 만든 친환경 실. 7／미스티코티타의 오래된 제품인 키링은 아직도 제일 인기가 많은 베스트셀러다.

독특하고 컬러풀한 감성의 절정, **리틀바이코지**

오픈한 지 이제 갓 1년이 넘은 신생 뜨개숍인 리틀바이코지는 특유의 감각과 팝한 컬러로 벌써부터 두터운 팬층을 거느리고 있다. 보통 의류용 뜨개 실은 뉴트럴하고 톤다운된 색감인 경우가 많은데, 리틀바이코지에서 취급하는 실들은 유독 팝하고 톡톡튀는 쨍한 컬러를 갖고 있다. 특유의 감각으로 엄선한 실들을 직접 수입해 판매하고 있으며, 1년 남짓 운영된 뜨개숍인 것을 감안하면 벌써부터 제품 라인업이 다양해 실 고르는 재미가 있다. 힙니트숍(Hipknit Shop), 이토이토(itoito), 갤러 얀(Galler Yarns), 피클스(PICKLES), 홉스 울(HOPE'S WOOL), 카오스얀(KAOS YARN) 등 특색 있는 브랜드의 실을 수입해 소개하고 있는데 소재와 컬러가 무척 다양하다는 것이 특징이다. 리틀바이코지는 그동안 홍대에서 운영하던 쇼룸을 이번에 연희동으로 이전하면서 새로운 실은 물론 다양한 이벤트나 활동을 선보일 준비를 하고 있다. 새로운 매장에서는 직접 염색한 손염색실을 판매하거나 손염색 클래스를 운영하는 등 염색 관련한 다채로운 기획을 준비하고 있다고 하니, 리틀바이코지만의 색감이 새로운 장소에서 어떻게 펼쳐질지 벌써부터 기대가 된다.

주소 : 서울시 마포구 연희로11라길 48 1층
운영 시간 : 인스타그램 확인
인스타그램 : @little_by_cozy

1／팝한 컬러가 리틀바이코지의 정체성과 잘 어울리는 힙니트숍의 실들. 2／손염색실 실험을 위해 준비해둔 염색약과 원사. 3／직접 만든 리틀바이코지 에코백과 프로젝트백. 4／판매하는 실로 뜬 의류를 준비해두어 편물 느낌을 볼 수 있다. 5／다양한 컬러가 독특한 느낌을 주는 핸드메이드 뜨개실 투니스(TUNNEY'S). 6／서랍마다 그득그득 들어찬 실들은 보기만 해도 배가 부르다. 7／쨍한 색감의 갤러 얀.

작은 방에서 펼쳐지는 동화 같은 시간, **모모텐**

망원동의 작은 가게 모모텐은 뜨개 제품과 빈티지 제품을 취급하는 편집숍이다. 규모는 작아도 문을 여는 순간 어디서부터 구경해야 할지 고민될 정도로 빼곡하게 자리한 귀여운 제품들을 살펴보다 보면 시간 가는 줄 모르는 곳이다. 공간과 꼭 닮은 귀여운 사장님이 반겨주는 이 가게에는 판매하는 제품 외에도 매장 곳곳에 자리한 귀여운 소품들이 가득하다. 사장님이 자기 방이라고 생각하고 매장을 꾸몄다고 하는데, 그래서 인지 식물이나 작은 인형, 가방을 걸어둔 행거까지 어디서도 본 적 없는 독특하고 키치한 느낌이 감탄을 자아낸다.

모모텐은 원래 코바늘 완제품을 판매하거나 빈티지 의류, 소품을 취향에 맞게 셀렉하여 소개하는 공간이었다고 한다. 그러다 이곳에서 판매하는 작품을 보고 실도 판매해 달라는 고객들의 요청이 쇄도하여 지금의 운영 방식이 되었다. 특히 소량의 실을 '내 맘대로 믹스실'이라는 이름으로 구성해 판매하고 있는데, 쉽게 구하기 어렵거나 대량으로 판매되어 구매하기 망설여지는 수입 아트실을 소분하여 소개하므로 인기가 많다. 질감과 색감이 독특해 모모텐이 아니면 접해보기조차 쉽지 않을 실이 대부분이라 뜨개를 하는 사람이 아니더라도 선물 포장용으로 구매해가는 사람도 많다고 한다.

주소 : 서울시 마포구 희우정로10길 20 1층
운영 시간 : 수~토요일, 운영 시간은 인스타그램 확인
인스타그램 : @mo_mo_ten

1/망원동 작은 가게 모모텐은 입구에서부터 귀여움이 쏟아진다. 2/소품과 제품이 적절히 섞여 특유의 무드를 만들어낸다. 3/모모텐에서 소개하는 빈티지 의류. 4/매장 무드와 어울리는 빈티지 니트 케이프를 한 쪽에 걸어 두었다. 5/색감이 사랑스러운 모모텐의 핸드메이드 모자. 6/모모텐의 시그니처인 수입실이 탑처럼 쌓여 있다. 7/독특한 재질의 수입실을 사용해 주머니를 떠주니 색다른 느낌으로 완성되었다.

모두가 즐겁게 뜨개할 수 있기를

일본 후쿠오카 니트웨어 디자이너 아무히비(amuhibi) 인터뷰

인터뷰 : 정인경 / 사진 : 김태훈 / 자료 사진 제공 : amuhibi

'아무히비(amuhibi)'라는 이름을 한국어로 옮기면 '뜨는 날들'이라는 뜻이다. 이름에서부터 뜨개에 대한 애정과 정갈함이 고스란히 느껴지는 아무히비는 후쿠오카의 유명 뜨개 편집 숍 브랜드이자, 여러 잡지나 도서를 통해 도안을 선보이는 니트웨어 작가의 이름이기도 하다. 지금까지 2권의 뜨개 책을 출간하면서 한국에서도 인기를 얻고 있는 아무히비(우메모토 미키코) 작가를 만나 뜨개에 관해 다양한 이야기를 들어보았다.

Q. 안녕하세요. 먼저 한국에서 만나뵐 수 있어서 너무 반갑습니다. 한국에도 작가님을 궁금해하는 니터가 많이 있어서 소개 부탁드립니다.

아무히비는 2018년 가을, 온라인 매장으로 처음 선보인 브랜드예요. 많은 사람이 뜨개를 더 재밌게 할 수 있도록 돕고 싶고, 또 뜨개를 하지 않는 사람들에게도 뜨개의 즐거움을 전하고 싶다는 마음에서 시작했지요. 수입 털실과 오리지널 뜨개 굿즈 그리고 제가 디자인한 니트 도안 등을 판매하고 있답니다. 현재는 후쿠오카에 가게가 있고, 가게 안에 따로 클래스를 위한 공간이 있어 뜨개 교실도 열고 있어요.

Q. 처음 뜨개를 시작하신 것은 언제인가요? 뜨개를 직업으로 삼게 된 계기도 궁금합니다.

어릴 적 어머니가 털실 가게를 운영하셨어요. 집 1층이 어머니의 가게였기 때문에 뜨개는 늘 제 삶의 가까이에 있었답니다. 성인이 되고 미술 전문대를 졸업한 다음 프리랜서 그래픽 디자이너와 아트 디렉터로 25년간 일했어요. 저는 일이 우선인 사람이라 아이를 낳지 않았는데요, 어느 날 문득 고독한 노인이 되고 싶지 않다는 생각이 들더라고요. 그러다가 '뜨개를 가르치면 주위에 사람이 모이지 않을까', '누군가에게 도움이 될 수 있지 않을까' 하는 마음에 52세가 되던 무렵 직업을 바꿔 뜨개를 업으로 삼기로 했어요. 더불어 뜨개에 대한 여러 편견과 오해들, 가령 '뜨개는 어렵다'거나 '능숙해지려면 오래 걸린다', '지루하다' 같은 것들을 바꿔보고 싶다는 마음도 있었어요. 그래서 저 스스로 이상적이라 여기는 뜨개 브랜드를 만들고 싶어서 아무히비를 시작하게 된 거지요.

Q. 지금까지 2권의 뜨개 도서를 출간하면서 아무히비만의 특별한 디자인을 선보이고 계신데요, 아무히비 디자인의 특징은 무엇일까요? 디자인을 할 때 어떤 점이 가장 중요하다고 생각하시나요?

제가 가장 바라는 것은 한 명이라도 더 많은 사람이 뜨개를 즐기게 하고 싶다는 거예요. 그러려면 뜨개 디자이너가 지금까지의 디자인과는 전혀 다른 관점을 지녀야 한다고 생각해요. 기존의 뜨개 니트가 갖고 있는 이미지를 바꾸지 않으면 뜨개에 매

력을 느끼는 사람은 점점 줄어들 테니까요. 저는 '뜨고 싶은 디자인'이 아니라 '갖고 싶은 옷'을 만드는 것을 지향해요. 제 디자인을 보고 '갖고 싶다, 입고 싶다' 하는 생각을 하는 사람이 많아진다면 자연스레 뜨개를 하는 사람도 늘어날 거라고 생각했어요. 그리고 이렇게 갖고 싶다는 마음이 들게 하려면 뜨개라는 취미를 넘어서 패션의 세계에 작품이 존재하는 것처럼 보여줄 필요가 있다고 생각했어요. 이런 생각은 제가 책을 작업할 때에도 다양한 형태로 반영되고 있어요. 오랫동안 아트 디렉터, 편집 디자이너로 일했던 경험을 살려 제 책을 어떻게 보여줄지에 관해서도 여러 아이디어를 내고 있지요.

Q. 그렇다면 평소 디자인을 하실 때 주로 어디에서 영감을 받으시나요?

제가 영감을 받는 루트는 다양해요. 저희 가게에 진열되어 있는 아름다운 털실, 인디 브랜드의 옷, 친구와 나누는 수다, 젊은 여성을 위한 트렌디한 잡지, 앤티크한 무늬뜨기 책, 아름다운 텍스타일 작품, 북유럽 디자인 등 정말 많네요.

Q. 저는 아무히비의 디자인을 생각하면 가장 먼저 사랑스러운 색감이 떠올라요. 매일 입을 수 있으면서도 개성이 담긴 독특한 디자인도 매력적이고요. 니트를 디자인할 때 센스 있게 배색하는 요령이 있다면 알려주세요.

평소 머릿속에 좋아하는 색 조합을 미리 저장해두지 않으면 갑자기 색을 고르기가 어려워요. 이 상황에는 어떤 색이 좋을지, 내가 좋아하는 건 대체로 어떤 느낌의 색인지를 미리 생각해두세요. 예를 들어 일상에서 만난 아름다운 풍경이나 사진, SNS 속 이미지를 보고 '멋지다, 좋다'라고 생각했다면, 그 이미지가 내 마음에 와닿은 이유가 무엇인지 언어로 구체화해보는 거예요. 퇴근길에 본 아름다운 노을 풍경에 감동했다면 그것을 왜 아름답다고 느꼈는지 말로 표현해보기를 권해드려요. 연분홍에서 산호색으로 바뀌는 부분에서 퍼지는 베이비블루색의 조화가 아름다웠다든지, 석양과 거리의 네온의 조합이 상쾌하고 예뻤다든지 하고 말이죠. 이렇게 하나씩 이미지를 구체화하다 보면 머릿속에 나만의 성공적인 색 조합이 차곡차곡 모이게 될 거예요.

1／이사거, 로사포마르 등 뮬징프리 수입 실이 가득한 후쿠오카 아무히비 매장.

2

Q. 작가님이 생각하는 뜨개의 가장 큰 매력은 무엇인가요?

뜨개는 중간에 잘못 떴다는 걸 알게 되면, 풀어서 다시 뜰 수 있다는 점이 좋아요. 또 어디서든 할 수 있다는 것, 혼자서 해도 재밌고 다른 사람과 함께해도 즐겁다는 점이 장점이죠. 무엇보다 뜨개를 하는 동안 내내 행복한 기분으로 있을 수 있다는 것이 최고예요.

Q. 아무히비 숍에서 소개하는 뜨개 실이나 소품을 고르시는 특별한 기준이 있나요? 편집 숍에서는 주로 어떤 제품들을 소개하고 계신가요?

숍에서 판매할 제품을 선택할 때의 특별한 기준은 없지만, 일단 제가 선택한 실은 모두 뮬징프리 실이에요. 앞으로도 작은 농장과 공장에서 만드는 실을 더 늘려 가려고 합니다. 실 외의 제품으로는 아무히비 오리지널로 제작한 '뜨개할 때 마시기 좋은 블렌딩 커피', 캐리어 오일과 섞어서 핸드 오일을 만들 수 있는 '니터를 위한 에센셜 오일' 등 니터분들을 위해서 제작한 굿즈가 있답니다. 아무히비 커피는 뜨개에 열중한 나머지 그만 커피를 식게 한 경험이 있는 뜨개 애호가를 위한 블렌딩이에요. 커피가 식어도 산미가 나지 않게 연구해 만들었답니다. 그리고 에센셜 오일은 의류용 방충 성분이 포함되어 있는 국화와 허브만을 가지고 블렌딩했기 때문에 뜨개를 하기 전 사용하면 니트가 좀먹지 않아요. 특히 저희 매장에서는 이 오일을 종일 피워서 실에 향기가 배도록 하고 있어요.

Q. 2024년에는 어떤 뜨개 활동을 펼치실 계획인가요?

아무히비의 독자적인 활동으로 '여행하는 amuhibi'라는 기획이 있어요. 최근 일본에서는 안타깝게도 여러 털실 가게들이 속속 폐점하고 있어서요, 각 지방의 니터들이 구매하고 싶은 실을 실제로 보거나 만질 수 없는 경우가 있어서 이에 조금이라도 힘이 되고자 시작한 기획이에요. 각 지역에 방문할 때마다 매번 환영해주셔서 가능한 오래 이 프로젝트를 지속하고 싶다는 생각이에요. 올해에는 홋카이도와 간토 지방에서 팝업숍과 워크숍을 계최할 예정입니다.

그리고 '페리시모 쿠츄리에'라는 온라인 수예 브랜드와 콜라보를 진행하고 있어요. 또 제가 출간한 책, 《amuhibi KNIT BOOK》과 《amuhibi의 가장 좋아하는 니트》에 실린 니트를 주문 받아 제작해 판매하는 사업도 시작할 예정이에요. 책을 보고 원하는 니트가 생겨도 뜨개를 할 줄 모르니 제품으로 판매를 해줬으면 하는 요청이 그간 무척 많았던 데다, 이를 통해 직업인으로서 프로 니터들의 일도 늘려주고 싶거든요. 특히 재밌는 기획 중 하나는 봄부터 시작될 'amuhibi 난쟁이 서비스'예요. 이건 몸판과 소매까지 모두 다 떴지만 꿰매고 잇는 일이 귀찮거나 서툴어서 완성을 못하고 있는 분들을 위해 프로 니터가 대신 각 부분을 연결해 완성해주는 서비스랍니다. 이 프로젝트의 이름은 그림동화 《난쟁이와 구둣방》에서 따왔어요. 잠든 사이에 스웨터랑 카디건이 완성되는 근사한 서비스지요.

Q. 마지막으로 한국의 니터들에게 한 말씀 부탁드려요.

늘 amuhibi를 사랑해주셔서 감사합니다. 그리고 제 책이 한국 니터분들에게 많은 지지를 받고 있다는 것도 무척 기뻐요! 이번 해에는 서울에서 첫 해외 워크숍과 트렁크 쇼를 열게 되어 한국의 많은 뜨개 팬과 소통할 수 있었습니다. 한국에 와보니 일본에 비해 정말 다양한 분들이 뜨개를 즐기고 있는 듯 보여서 굉장히 부러웠어요. 이번에 한국에서 정말 귀중한 경험을 했어요. 이를 계기로 계속 한국 니터분들과 교류할 수 있으면 좋겠습니다. 앞으로도 잘 부탁드려요.

2／라이키 바늘 세트, 뜨개 도서 등도 준비되어 있다. 3／클래스나 모임을 진행하는 2층 공간. 이 고양이들이 있어 예약시 안내하고 있다. 4／2층 공간에서 창을 내다보는 애견 나나코. 5／《amuhibi의 가장 좋아하는 니트》 표지에 실렸던 스캘럽 스웨터. 6／뜨개할 때 책상을 차지하고 있는 귀여운 소품들.

55

한국에서 만나는 아무히비의 작품과 책
새단장한 코와코이로이로 매장에서 열린 아무히비 페어

지난 1월 19~20일 새롭게 단장한 뜨개숍 코와코이로이로에서 아무히비 페어가 열렸다. 오전에는 워크숍, 오후에는 트렁크쇼로 진행된 이번 행사에서는 작가와 독자들이 함께 아무히비 작품을 뜨고 감상하는 시간을 가졌다. 워크숍은 사전 신청을 받아 진행되어 참가자들이 직접 아무히비 작가의 노하우를 전수받고, 현장에서 뜨개에 대한 고민을 질문을 통해 해결할 수 있도록 했다. 워크숍 첫째 날의 테마는 《amuhibi의 가장 좋아하는 니트》의 패턴을 떠요!'로 책에 수록된 작품 3가지의 스와치를 함께 떴으며, 둘째 날에는 아무히비의 오리지널 키트인 '고양이 부적 파우치'를 함께 완성했다.

트렁크 쇼는 아무히비 책에 실린 모든 작품을 직접 보고, 만져보고, 입어볼 수 있는 자리였다. 실제로 작품을 가늠해보고 원작 실을 구매할 수 있어 많은 방문객들의 호응을 얻었다. 편물의 느낌이나 입었을 때의 핏, 사이즈 등을 확실하게 확인할 수 있으니 제품을 고르기가 한결 수월하다는 것도 장점! 책 속 원작을 그대로 뜰 수 있는 실 키트와 아무히비의 오리지널 굿즈도 다양하게 준비되었다.

트렁크 쇼 현장에서도 방문자들은 아무히비의 우메모토 미키코 작가와 직접 얼굴을 보고 대화를 나누거나 함께 사진을 찍고 책에 사인을 받는 등, 작가와 행복한 시간을 나눌 수 있었다. 현장에는 통역이 가능한 스태프가 있어 일본어를 하지 못하는 방문객들도 어려움 없이 소통할 수 있었으며, 니터들이 각자 직접 뜬 옷과 소품으로 단장을 하고 서로의 작품에 대해 이야기 나누며 교류하는 시간이기도 했다.

주소 : 서울시 마포구 성미산로17길 115 2층
운영 시간 : 10:00~17:00(매주 토,일 휴무), 13:00~14:00 휴게시간
인스타그램 : @cowaco_iroiro

7／배색별로 준비된 스와치와 원작 실 키트. 8／작품을 직접 만져보고 실을 살 수 있도록 준비된 트렁크 쇼. 9／색을 사용하는 센스가 놀라운 아무히비의 작품들. 10／많은 사랑을 받고 있는 아무히비의 책 2권. 11／트렁크 쇼에서는 직접 책에 사인을 받을 수 있었다. 12／페어를 맞이해 구매할 수 있었던 아무히비의 오리지널 프로젝트 백. 13／같은 제품도 여러 벌 준비되어 있어 편하게 입어볼 수 있었다.

CO+CO
iroiro

Knitting Select Shop

amuhibi의
가장 좋아하는 니트

톡톡 튀는 색감과

당장 입고 싶은
트렌디한 디자인

애써 뜬 니트, 가장 좋아하는 니트로 만들기 대작전
완성 후에 더 손이 자주 가는 카디건, 스웨터, 베스트, 양말과 숄을 만나보세요!

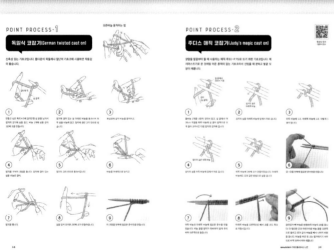

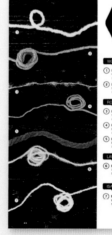

신여성의 수예 세계로 타임슬립!
전후의 신여성 '메이비뜨기'

누구에게나 맞출 수 있는 재킷.

심플한 뜨개법의 재킷을 펼친 모습.

심플한 뜨개법의 재킷.

양쪽 끝의 가늘기가 다른 독특한 메이비 뜨기 코바늘.

색채를 의식한 호리에 씨 의 생활 에세이.

메이비뜨기의 바탕무늬 교본.

기타가와 게이(北川ケイ)
일본 근대 서양 기예사 연구가. 일본 근대 수예가의 기술력과 열정에 매료되어 연구에 매진하고 있다. 공익재단법인 일본수예보급협회 레이스 사범. 일반사단법인 이로도리 레이스 자료실 대표. 유자와야 예술학원 가마타교·우라와교 레이스뜨기 강사. 이로도리 레이스 자료실을 가나가와현 유가와라에서 운영하고 있다.
http://blog.livedoor.jp/keikeidaredemo

메이비 아트 설립 당시의 사진(맨 오른쪽이 호리에 씨).

자료실에 수예계의 큰어른이 방문했습니다. 메이비뜨기를 새롭게 고안한 호리에 아케미 씨입니다. 이번에는 호리에 씨의 색채의 매력과 함께 꿈꾸는 뜨개 인생을 소개합니다.

메이비뜨기란 굵은 바늘과 가는 바늘이 합체된 바늘로 굵은 실과 가는 실을 나누어 뜨면서 직물처럼 완성해가는 수법의 뜨개입니다. 2종류의 실을 사용함으로써 색을 즐기는 동시에 뜨개바탕을 창의적으로 궁리할 수 있습니다.

호리에 씨가 중학생이었을 때는 뜨개보다 등산을 좋아하는 야외파였다고 합니다. 그러다 사무직으로 일하던 20대 후반에 과연 이대로 괜찮은 걸까 하고 스스로에게 물었다고 합니다. 사회에 나가 자립할 수 있는 기술을 익히고 싶다는 생각을 하기 시작한 거죠. 시라하기 양재학교 시절을 돌이켜 생각해보면 양재는 재봉틀 조작이 적성에 맞지 않았습니다. 또 일본식 재봉은 바늘땀이 깔끔해질 때까지는 시간이 걸릴 것 같았죠. 꽃꽂이는 센스가 부족했습니다. 수수하지만 뜨개라면 괜찮지 않을까라는 지인의 조언을 듣고, 맑게 갠 푸른 하늘에 아름다운 한줄기 흰 구름을 보면서 걷다, 기계 편물기가 줄지어 늘어선 인상적인 집 한 채를 발견하고 부랴부랴 뛰어든 곳이 '하기와라 편물 교실'이었습니다. 뜨개를 착실히 배워 마침내 편물 교실을 열었습니다. 하지만 뭔가 부족했습니다.

어느 날 친구에게 메이지 시대의 뜨개 교본을 받았습니다. 시대를 초월해 뜨개 도구들이 일상에서 애용되고 있는 것에 감동받아 새로운 뜨개바늘이 있으면 재미있을 것 같다는 생각이 들었습니다. 아프간바늘에 가느다란 코바늘을 고무실로 묶어 베스트를 떴더니 그 결과물은 반응이 아주 좋았습니다. 메이비뜨기의 첫걸음이었습니다.

작품 전시회에서는 외국인 모델의 니트 쇼를 꼭 열고 싶어서 요코타 기지 도장과의 인연으로 모델을 찾았지만, 개런티가 부족해 착용했던 작품을 그대로 증정했던 그립고 즐거운 추억도 있습니다.

그 후 한 걸음 더 전진을 꿈꾸고 일본 보그사를 찾아갔습니다. 빌딩 위층에 가면 높으신 분이 있겠지 하고 엘리베이터를 타고 사장실로 가서 운 좋게 사장과 면담에 성공했습니다. 그렇게 잡지 〈Amu〉에 게재할 기회를 얻었습니다.

지금 호리에 씨의 가장 큰 꿈은 바쁜 사무직 여성들이 간편한 실로 자신의 소품을 떠서 치유받고, 만드는 기쁨을 누리는 일상을 선물하는 것입니다.

Yarn World

이거 진짜 대단해요! 뜨개 기호
어디에 쓸지 고민하는 것이 즐거운 기호【코바늘뜨기】

여러분, 뜨개질하고 있나요? 뜨개 기호를 아주 좋아하는 뜨개남(아미모노)입니다. 봄호네요. 코바늘뜨기의 계절이 돌아온 만큼 코바늘뜨기를 즐겨보는 건 어떨까요? 이번 호에는 코바늘뜨기가 가득하니 최대한 뜨개 기호의 매력을 전달해드리겠습니다.

이번에는 어디에 쓸지 즐거운 고민을 할 것 같은 매니악한 기호 2가지를 골랐습니다. 테스트나 견본용으로는 떠본 적이 있지만, 실전에 사용한 적은 없는 뜨개 기호… 감아뜨기와 삼각뜨기입니다. 뜨개 기호치고는 상당히 하드 코어적인 출발. 한층 돋보입니다.

감아뜨기는 바늘에 감은 횟수를 빼내서 뜨개코에 볼륨감과 입체감을 줄 때 사용합니다. 빼낼 때의 난이도는 감은 횟수에 비례합니다. 일러스트는 7회 감기지만 이론상 10회 감기든 20회 감기든 가능할 겁니다. 개인적으로는 5회 감기 정도가 딱 적당한 듯 싶네요…. 코바늘뜨기 코에서는 그다지 볼 수 없는 감아뜨기 코의 조직감은 소맷부리나 목둘레, 테두리뜨기에서의 활약이 기대됩니다. 힘내라! 지지 마, 감아뜨기!!

다음으로 소개할 삼각뜨기는 말 그대로 삼각형입니다. 미완성 다섯길 긴뜨기, 네길 긴뜨기, 세길 긴뜨기, 두길 긴뜨기, 한길 긴뜨기의 키순으로 떠 가면서 모양을 만듭니다. 일러스트는 거기까지지만 생각건대 그 뒤에 긴뜨기, 짧은뜨기를 뜨면 더욱 삼각형에 가까운 코가 되겠죠. 하지만 그러면 뜨개바탕이 뒤틀어져버립니다. 적당히가 중요합니다.

상당히 매니악한 뜨개 기호지만 '어디에 써볼까' 고민하는 것도 하나의 재미입니다. 어떻게 활용하느냐는 당신의 솜씨와 감성에 달린 도전적인 2가지 뜨개 기호를 시도해보시길.

대단해요! 뜨개 기호 ⓵**번째** 감으면 감을수록 '감아뜨기(7회 감기)'

1 바늘에 실을 7회 감아서 앞단의 머리 2개에 화살표처럼 바늘을 넣고,

2 실을 걸어서 빼냅니다.

3 빼낸 실을 그대로 바늘 끝의 7개의 루프로 빼냅니다.

4 한 번 더 실을 걸어 남은 2개의 루프로 빼내면,

5 7회 감아뜨기 완성.

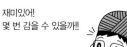

재미있어!
몇 번 감을 수 있을까!!

대단해요! 뜨개 기호 ⓶**번째** 모양 그대로 '삼각뜨기'

사슬 2코
기둥코인 사슬 6코
토대코

1 바늘에 실을 5회 감아서 사슬 뒷산에 바늘을 넣고 미완성 다섯길 긴뜨기를 뜹니다.

2 이어서 미완성 네길 긴뜨기, 세길 긴뜨기, 두길 긴뜨기, 한길 긴뜨기 순으로 뜹니다.

3 바늘에 실을 걸어 바늘 끝의 2개의 루프로 빼냅니다.

4 마찬가지로 바늘 끝에서 2루프씩 2회 빼내고, 마지막은 3루프를 한 번에 빼냅니다.

5 삼각뜨기 완성.

어디에 쓸지 고민되는군.

뜨개남의 한마디
폼이나 무늬부터 디자인하는 방법이 일반적일지도 모르지만 하나의 뜨개코부터 디자인해보는 접근법이 있어도 좋지 않을까요. 물론 거기에는 어지간한 '뜨개코 사랑'이 뒷받침되어야겠지만요….

(뜨개남의 SNS도 매일 업로드 중!)
http://twitter.com/nv_amimono
www.facebook.com/nihonvogue.knit
www.instagram.com/amimonojapan

〈털실타래〉를 제대로 읽는 법

지난 회에 이어서 〈털실타래〉 도안의 자세한 규칙을 소개합니다.
이걸 알면 지금까지 뜨지 못했던 작품도 뜰 수 있을… 지도?

촬영/모리야 노리아키

자세히보니
이것저것 적혀 있군~.

1번째 선의 규칙

도안에 사용된 선에 종류가 있다는 걸 눈치챘나요?
복잡한 작품도 선의 차이를 이용해서 조금이라도 알기 쉬운 도안이 되도록 궁리했습니다.

파선의 종류

파선	접는 선	고리 선	중심선
도안이 떨어져 있지만 이어서 뜨는 부분 등에 사용.	둘로 포개는 경우 등 접는 위치에 사용.	원형으로 뜨는 부분에 사용.	〈털실타래〉에서는 왕복뜨기로 이어서 뜨는 부분에 사용.

굵기의 종류

가는 선	중간 굵기 선	굵은 선
안내 선.	무늬 변경 선.	도안의 가장 바깥쪽이나 기초코, 코줍기 등을 하는 위치에 사용.

2번째 도안의 규칙

작품의 전체 모양이 나와 있는 도안에는 많은 정보를 가득 담기 위해 다양한 규칙이 있습니다.
의외로 알려져 있지 않은 규칙을 몇 가지 소개합니다.

고무뜨기의 표시

고무뜨기의 시작 위치는 도안에도 표시되어 있지만, 나중에 꿰맸을 때 무늬가 이어지도록 하는 것이 중요
포인트이므로, 최대한 도안 안에도 기재했습니다.

가장자리 겉코 2코의 2코 고무뜨기　가장자리 겉코 1코의 1코 고무뜨기　가장자리 겉코 2코의 1코 고무뜨기

겉뜨기
안뜨기

뜨는 방향의 화살표

이 화살표는 뜨는 방향과 뜨개 시작 위치를 표시합니다. 같은 도안 안에 2개
이상의 화살표가 있을 때는 긴 화살표의 방향부터 먼저 뜹니다.

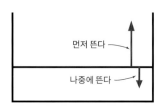 

먼저 뜬다
나중에 뜬다
밑에서 이어서 뜬다

가장자리를 세우는 줄임코

래글런선 등에서 자주 보이는 가장자리를 몇 코 세우는 줄임코.
도안이 있을 때는 괜찮지만 페이지 사정으로 도안이 생략된 경우, 여기를 보면 가장자리의 상태를 알 수 있습니다.

가장자리에서 3코째와 4코째를 줄임코　　가장자리 3코를 세우는 줄임코　　　가장자리 2코를 세우는 줄임코

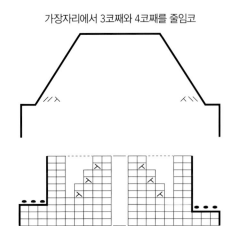  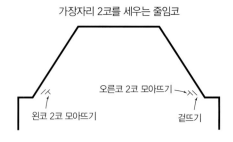

오른코 2코 모아뜨기
왼코 2코 모아뜨기
겉뜨기

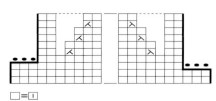 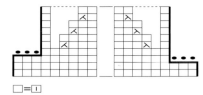

□=Ⅰ　　　　　　　　　　□=Ⅰ　　　　　　　　　　□=Ⅰ

전부? 절반?

같은 원형 도안에도 고리 선이 굵은 경우와 가는 경우가 있습니다.
이 차이는 틀린 것이 아닙니다.
이미 원형이 된 상태의 도안과 원형뜨기지만 가로로 펼친 상태의 도안의 차이입니다.
합계 치수 표기로 알 수 있으니 괜찮을 거라 생각하지만요.

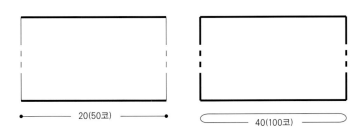

20(50코)

40(100코)

원형뜨기? 왕복뜨기?

왕복으로 뜰지 원형으로 뜰지는 선의 종류로 알 수 있다고 말했지만 진동둘레나 목둘레선
등 폭이 가는 부분은 선의 종류로 표현할 수 없으므로, 그림처럼 틈이 뚫려 있는지 아닌지
로 판단합니다.

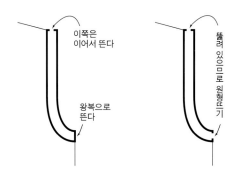

이쪽은
이어서 뜬다

왕복으로
뜬다

뚫려 있으므로 원형뜨기

3번째 ## 도안 설명의 규칙

도안 설명이 없으면 못 뜨겠다는 의견이 자주 들리지만, 지면 사정상 간단한 작품은 도안 설명을 생략하고 있습니다.
여기서는 계산식에서 도안 설명으로 바꾸는 법을 소개하니, 계산식만으로는 못 뜨겠다 하시는 분은 먼저 그래프용지 등에
그린 다음 떠보는 건 어떨까요?

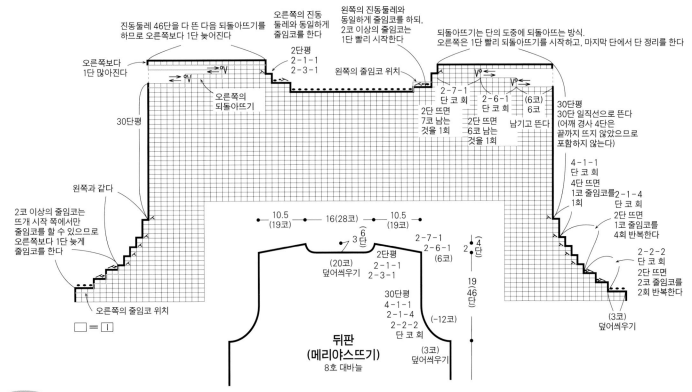

진동둘레 46단을 다 뜬 다음 되돌아뜨기를
하므로 오른쪽보다 1단 늦어진다

오른쪽의 진동
둘레와 동일하게
줄임코를 한다

왼쪽의 진동둘레와
동일하게 줄임코를 하되,
2코 이상의 줄임코는
1단 빨리 시작한다

되돌아뜨기는 단의 도중에 되돌아뜨는 방식.
오른쪽은 1단 빨리 되돌아뜨기를 시작하고, 마지막 단에서 단 정리를 한다

오른쪽보다
1단 많아진다

2단평
2-1-1
2-3-1

왼쪽의 줄임코 위치

2-7-1
단 코 회
2단 뜨면
7코 남는
것을 1회

2-6-1
단 코 회
2단 뜨면
6코 남는
것을 1회

(6코)
6코

남기고 뜬다

30단평
30단 일직선으로 뜬다
(어깨 경사 4단은
끝까지 뜨지 않았으므로
포함하지 않는다)

오른쪽의
되돌아뜨기

30단평

4-1-1
단 코 회
4단 뜨면
1코 줄임코를 2-1-4
4회 반복한다 단 코 회

2단 뜨면
1코 줄임코를
1회

2-2-2
단 코 회
2단 뜨면
2코 줄임코를
2회 반복한다

왼쪽과 같다

2코 이상의 줄임코는
뜨개 시작 쪽에서만
줄임코를 할 수 있으므로
오른쪽보다 1단 늦게
줄임코를 한다

오른쪽의 줄임코 위치

□ = |

10.5
(19코)

16(28코)

10.5
(19코)

3단

6

(20코)
덮어씌우기

2단평
2-1-1
2-3-1

30단평
4-1-1
2-1-4
2-2-2
단 코 회

(3코)
덮어씌우기

2-7-1
2-6-1
(6코)

4
단

2

19
46
단

(-12코)

(3코)
덮어씌우기

뒤판
(메리야스뜨기)
8호 대바늘

4번째 ## 뜨는 법 순서의 규칙

사용실이나 권장 바늘 호수는 확인할 거라 생각하지만 뜨는 법 포인트는 읽고 있나요?
여기에는 도안에는 없는 기초코와 꿰매기, 잇기 방법이 나와 있습니다.
그리고 뜨개 시작부터 마무리까지 순서대로 나와 있으니 반드시 읽은 다음에 뜨기 시작해주세요.

〈털실타래〉는 기본 뜨개법은
생략되어 있으니 초심자는
기초 책도 같이 보면 알기 쉬워요.

재료
게이토피에로 파인 메리노 오프 화이트(01) 285g
10볼, 네이비 블루(14) 110g 4볼
도구
대바늘 6호·5호·4호
완성 크기
가슴둘레 108cm, 기장 60cm, 화장 70.5cm
게이지(10×10cm)
메리야스뜨기 22코×31.5단, 배색무늬뜨기 A·B
27코×29.5단
POINT
● 몸판·소매…별도 사슬로 기초코를 만들어 뜨
기 시작한다 뒤판·소매는 메리야스뜨기와 배색무늬
뜨기 A, 앞판은 메리야스뜨기, 배색무늬뜨기 A·B
로 뜬다. 배색무늬뜨기는 실을 가로로 걸치는 방

법으로 뜹니다. 목둘레의 줄임코는 2코 이상은 덮
어씌우기, 1코는 가장자리 1코를 세우는 줄임코를
합니다. 소매 밑선의 늘림코는 1코 안쪽에서 돌려
뜨기 늘림코를 합니다. 소매의 뜨개 끝은 덮어씌워
코막음합니다. 밑단·소맷부리는 기초코의 사슬을
풀어서 코를 주워 2코 고무뜨기로 뜹니다. 뜨개 끝
은 겉뜨기는 겉뜨기로, 안뜨기는 안뜨기로 떠서 덮
어씌워 코막음합니다.
● 마무리…어깨는 앞판을 뒤판의 콧수에 맞춰 줄
임코를 하면서 덮어씌워 잇기를 합니다. 목둘레는
지정 콧수를 주워 배색무늬 2코 고무뜨기로 원형
으로 뜹니다. 뜨개 끝은 도안을 참고해 덮어씌워
코막음합니다. 소매는 코와 단 잇기로 몸판과 연결
합니다. 옆선·소매 밑선은 떠서 꿰매기를 합니다.

재료
[실] DMC 콜도넷 스페셜 no.80, 흰색(BLANC)
[부자재] 꽃철사(지철사) #35, 경화액 스프레이
(Neo Rcir), 접착제, 액체 염료(Roapas Rosti), 사
용하는 색은 도안 표를 참고하세요.
도구
레이스 바늘 14호
완성 크기
도안 참고

POINT
●도안을 참고해 각 부분을 뜹니다. 지정된 색으
로 물들이고 마르면 모양을 잡아서 경화 스프레이
를 뿌립니다. 마무리하는 법을 참고해서 꽃봉오리
와 꽃, 이파리를 조합해서 철사를 합치고 접착제를
바르면서 철사에 실을 감아 줄기를 만듭니다. 줄기
는 지정된 색으로 물들이고 마르면 모양을 잡아서
경화 스프레이를 뿌려서 마무리합니다.

모티브 장 수와 염료 사용색

	A	B	C	염료
꽃봉오리(소)	4개	4개	8개	옐로, 레몬옐로
꽃봉오리(대)	3개	10개	3개	
꽃	21개	2개		
이파리(소)	4개	2개	1개	그린, 옐로
이파리(대)	8개	4개	1개	
줄기				그린, 올리브그린

※모두 레이스 바늘 14호로 뜬다.

► = 실 자르기

꽃봉오리(대)

꽃봉오리(소)

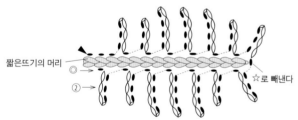

꽃봉오리 마무리하는 법(공통)

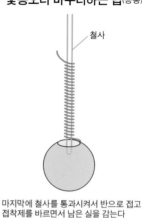

철사

마지막에 철사를 통과시켜서 반으로 접고
접착제를 바르면서 남은 실을 감는다

이파리(대)

● 로 이어진다   뜨개 시작
철사   (20코)   ①
★

① 철사를 반으로 접고, 접은 부분에
실을 달아서 짧은뜨기 20코를 뜬다

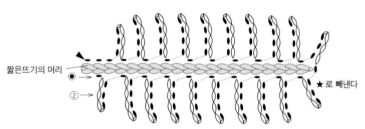

짧은뜨기의 머리
●
②→   ★ 로 빼낸다

② 짧은뜨기의 머리를 위로 향하고, 양쪽에서 반 코를 주워 뜬다

이파리(소)

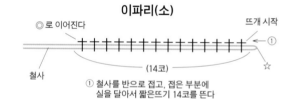

◎ 로 이어진다   뜨개 시작
철사   (14코)   ①
☆

① 철사를 반으로 접고, 접은 부분에
실을 달아서 짧은뜨기 14코를 뜬다

짧은뜨기의 머리
◎
②→   ☆ 로 빼낸다

② 짧은뜨기의 머리를 위로 향하고, 양쪽에서 반 코를 주워 뜬다

꽃 만드는 법

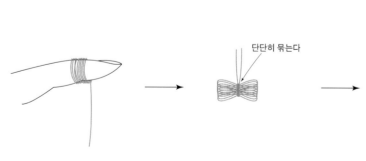

① 손가락에 실을 50회 감는다

단단히 묶는다

② 중앙을 묶는다

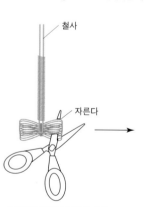

철사

자른다

③ 철사를 걸듯이 중앙에 단다.
접착제를 바르면서 실을 감는다.
양 끝을 자른다

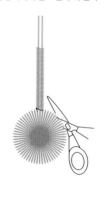

④ 둥그랗게 다듬는다

마무리하는 법

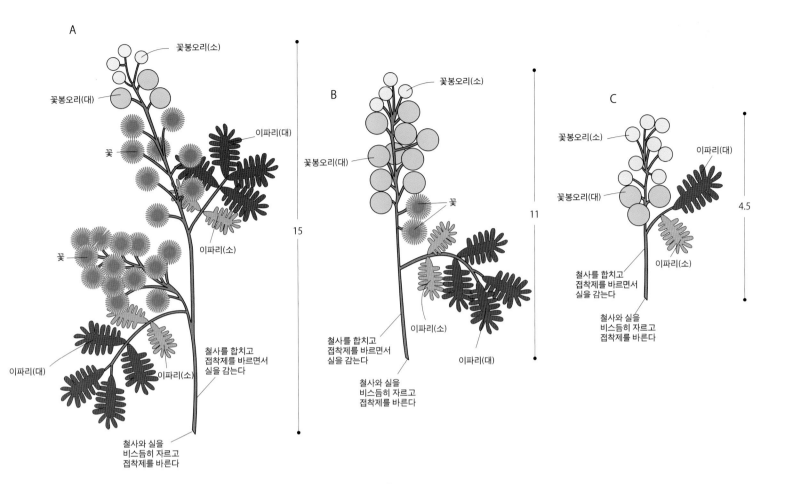

A

꽃봉오리(소)

꽃봉오리(대)

이파리(대)

꽃

이파리(소)

꽃

이파리(대)

이파리(소)

철사를 합치고
접착제를 바르면서
실을 감는다

철사와 실을
비스듬히 자르고
접착제를 바른다

15

B

꽃봉오리(소)

꽃봉오리(대)

꽃

이파리(소)

철사를 합치고
접착제를 바르면서
실을 감는다

이파리(대)

철사와 실을
비스듬히 자르고
접착제를 바른다

11

C

꽃봉오리(소)

이파리(대)

꽃봉오리(대)

이파리(소)

철사를 합치고
접착제를 바르면서
실을 감는다

철사와 실을
비스듬히 자르고
접착제를 바른다

4.5

이파리 뜨는 법

1 철사를 반으로 접어 접은 곳이 오른쪽이 되게
뜨개 시작 사슬의 매듭을 통과시킨다.

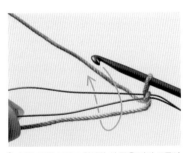

2 접은 곳을 조이고 철사와 실 끝을 감싸 뜨듯이
짧은뜨기를 뜬다.

3 짧은뜨기를 뜬 모습. 뜨개를 뒤집는다.

4 2단째는 짧은뜨기의 머리 뒤쪽 반 코를 주워
서 빼내고 도안대로 뜬다.

5 짧은뜨기를 1코 건너뛰면서 동일하게 뜬다.

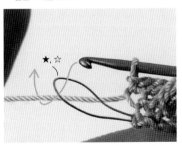

6 한쪽을 다 떴으면 철사 고리(P.64 도안의 ★,
☆)에 화살표처럼 바늘을 넣어 빼뜨기한다.

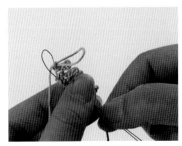

7 철사 고리가 보이지 않게 뜨개를 이동시킨다.

8 반대쪽은 짧은뜨기의 머리의 남은 반 코를 마
찬가지로 주워서 뜬다.

슬로우핸드

취재 : 정인경 / 사진 : 김태훈

슬로우핸드(박혜심)

아주 얇은 실을 떠서 만든 마이크로 크로셰 제품을 선보이는 뜨개 작가. 2011년부터 뜨개를 시작해 작품 활동을 하며 뜨개 클래스를 운영했다. 오브젝트, 아이디어스, 스마트스토어에서 완제품을 판매하고, 여러 편집숍을 통해 특별전을 진행한다. 매년 '더 니트 클럽' 전시를 통해 독특하고 사랑스러운 작업을 보여주고 있다.
인스타그램 @mymyslowhand

뜨개라고 하면 주로 바늘의 형태에 따라 대바늘뜨기, 코바늘뜨기 두 가지로 나눕니다. 그리고 이 두 가지 뜨기는 기법도, 만들어내는 결과물의 느낌도 크게 차이가 납니다. 그중 코바늘뜨기는 주로 단단하게 형태를 유지하는 소품을 만들 때 쓰이는 경우가 많습니다. 뜨개 작가 슬로우핸드는 코바늘뜨기, 그중에서도 마이크로 크로셰(micro crochet)라고 불리는 독특한 분야에서 자기만의 작품을 만들어내고 있는 작가입니다. 마이크로 크로셰는 아주 얇은 실과 가는 바늘을 사용해 작은 작품을 만들어내는 작업을 말합니다. 어디서부터 마이크로라고 부를지는 사람마다 다양한 의견이 있겠지만, 주로 원사만큼 얇은 실을 레이스 코바늘을 사용해 뜨는 것을 말합니다. 레이스 코바늘은 0호(1.75mm)에서부터 숫자가 커질수록 가늘어지는데, 슬로우핸드 작가가 주로 사용하는 것은 0.4~0.5mm의 가는 바늘입니다.

"처음부터 이렇게 얇은 실로 작은 작품을 위주로 떴던 것은 아니고요, 작업을 하다 보니 점점 더작은 세계를 만들기 시작했지요. 제가 지금 만드는 작품들은 시간이 쌓여 형태가 완성된 것들이에요. 내가 뭘 하길 좋아하는지, 어떤 것을 만들고 싶은지 다양한 뜨개를 경험하면서 나의 취향을 찾아가는 과정이었죠."
슬로우핸드 작가는 대바늘뜨기와 코바늘뜨기가 모두 가능해서, 뜨개의 전반적인 내용을 가르치는 클래스를 운영하기도 했습니다. 지금은 작품 활동에 전념하기 위해 최소한의 클래스만 운영하고 있지만, 수업에서 가르치는 내용은 코바늘 소품 뜨기에서 대바늘 의류 뜨기까지 범위가 무척 넓습니다. 어떤 뜨개든 할 수 있고 모든 뜨개를 사랑하지만, 슬로우핸드 작가는 그중에서도 자신을 표현하는 작품의 도구로 마이크로 크로셰를 선택했다고 합니다. 실제로

그녀가 판매하는 제품 중에는 마이크로 크로셰가 아닌 것들도 있습니다. "저의 작품은 주로 자연물이 대상이에요. 자연물을 뜨기 시작한 이유는 단순하게 제가 좋아하는 것이기 때문이에요. 꽃, 도토리, 나무, 버섯 등 평소 제가 좋아하는 것들을 뜨개로 만들고 있어요."
작품을 만들던 초기에는 사람들을 실제로 만날 수 있는 플리마켓이나 페어 등 오프라인 행사에 참여해 직접 작품을 팔기도 했지만, 지금은 소품숍 오브젝트에서 상시 구매가 가능합니다. 뜨개 완제품을 숍에 입점해 판매하는 작가가 드물기도 하고, 슬로우핸드 작가의 작품은 얼핏 보았을 때 손으로 떴다고 생각하기 어려울 정도로 작고 정교한 작품이기 때문에 그녀의 작품을 사랑하는 사람들이 많습니다. 얇은 실을 쓰기 때문에 작품이 아주 작아 손과 눈이 쉽게 피로해지지만 그만큼 만들었을 때의 만족감은 더 크다고 합니다.
"최근 작업하는 책갈피, 액세서리 등의 작품은 얇은 퀼팅사를 사용해서 뜨고 있어요. 얇은 실이어도 작품을 떴을 때 실 자체적으로 갖고 있는 힘이 있어서 형태가 견고하게 마무리되더라고요. 풀을 먹이거나 하는 다른 공정이 필요 없다는 것도 편리한 점이랍니다."
"현재 저의 작품을 판매하고 있는 소품숍 오브젝트와의 인연으로 여러 번의 전시를 진행했습니다. 지금도 오브젝트에서 열릴 새로운 전시를 위해 작품 활동에 매진하는 중이고요. 지난 전시에서 오너먼트를 주제로 작업했던 것이 관람객들에게 큰 호응을 얻어 이번에도 다양한 형태의 오너먼트를 오너먼트를 작업하고 있어요. 앞으로는 오너먼트도 마이크로 크로셰로 작업하는 방향으로 영역을 넓힐 예정이에요."

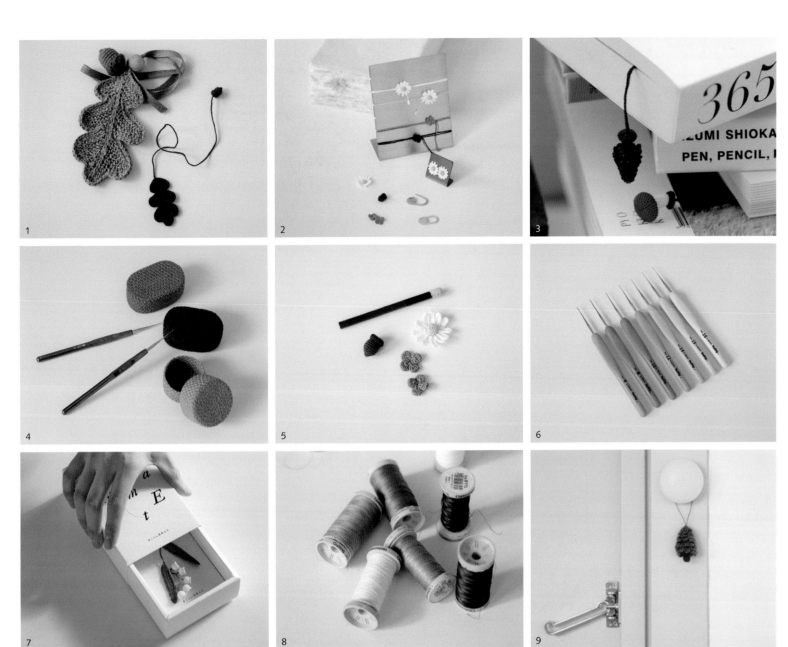

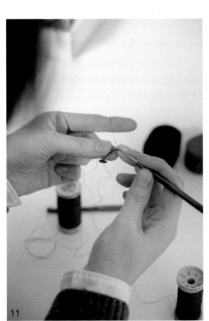

1／도토리와 잎사귀를 모티프로 만든 작품으로 잎사귀는 대바늘로 만들었다. 바늘 굵기에 따라 크기 차이가 많이 난다. 2／흔히 쓰는 스티치 마커와 비교해도 아주 작은 슬로우핸드의 작품. 3／끝에 작품을 달고 사슬뜨기로 기다란 줄을 떠 책갈피를 만들었다. 4／매년 참가하고 있는 전시 '더 니트 클럽'에 출품한 재스민 스티치 합. 5／성냥보다 작은 데이지, 도토리, 네잎클로버. 6／작품을 만들 때 사용하는 레이스용 코바늘. 숫자가 커질수록 얇아진다. 7／오너먼트 전시의 일환으로 만든 은방울 꽃 오너먼트. 8／주로 사용하는 실. 뻣뻣하고 힘이 있는 퀼팅사를 사용한다. 9／헤어가 긴 실로 통통하게 떠서 포근함을 준 전나무 오너먼트. 10／해가 잘 들어오는 작업실에는 큰 나무와 더 니트 클럽 전시 때 찍은 사진, 작품을 담은 캐비닛 등이 놓여 있다. 11／뜨개하는 슬로우핸드 작가의 손 12／다양한 크기와 재질로 뜨는 데이지 모티프 가방.

거리 곳곳에 뮤지션이!
아일랜드 음악 특유의 테너 밴조와
피리의 음색이 즐겁다.

아일랜드 제2의 도시인
항구도시 코크.

코크의 부엌 '잉글리시 마켓'.

[신연재] Chappy의 세계의 손염색을 찾아 떠나는 여행

색을 사랑한 고슴도치
Hedgehog Fibres(아일랜드)

약 십수 년 전부터 유럽과 미국에서 유행하기 시작한 손염색실은 세계적인 확산을 보이며 최근에는 일본에서도 취급점과 다이어(손염색 작가)가 늘고 있습니다. 다이어인 Chappy(채피) 씨가 각국의 다이어를 소개하면서 손염색실의 세계를 탐방합니다.

취재·글·사진/Chappy

기념할 만한 첫 회는 컬러풀하고 강렬한 색채가 세계적으로 인기인 Hedgehog Fibres(헤지호그 파이버). 아일랜드 코크의 공방에 오너인 베아타 씨를 찾아갔습니다.

어릴 적부터 다양한 색을 사용한 아트나 수공예를 좋아했다는 베아타 씨는 슬로바키아 출신으로 열여덟 살에 아일랜드 코크로 이주하지만 2008년에 닥친 금융 위기로 직장을 잃고 뜨개를 만납니다. 처음에 염색한 실은 자신이 쓸 실이었습니다.

"뜨개에 빠지자 실에 대한 요구가 높아져서 손염색실에 매료됐죠. 깊이 빠져드는 성격이라"라며 웃는 그녀는 철저히 염색의 시행착오를 거듭합니다. 아름다운 실은 머지않아 뜨개 동호회의 입소문을 타고 인기가 높아지고 작은 염색 스튜디오를 엽니다. 회사명은 그녀의 성이 슬로바키아어로 '고슴도치(헤지호그)'를 의미하는 데서 붙여졌다고 합니다. 스티븐 웨스트 등 유명 디자이너와의 협업도 이어지며 세계적인 인기 다이어로 성장했습니다. 현재는 생분해성이 있는 화학 염료

를 사용해, 고품질 오리지널 실을 전 세계에서 수입해서 염색하고 있습니다.

광고 없이 입소문으로 유명해진 독자적인 염색 레시피가 자랑이라는 그녀에게 색과 소재 조합의 비결을 묻자 "내가 갖고 싶은 것"이라는 즉답이 돌아왔습니다. "내가 이런 색채와 소재로 뜨고 싶다 하는 게 가장 큰 판단 기준입니다. 이건 양보할 수 없는 부분이죠. 재미있고 아름다운 색을 좋아해요."

'내가 좋아하는 것'이라는 기준은 실 이외의 상품에도 그대로 적용되어 독특한 컬러를 재현한 백이나 직소 퍼즐도 직접 낸 아이디어입니다. 동종 업계의 다른 회사에 앞서 개발한 트위디tweedy라는 자투리 실을 재활용한 친환경실도 계속하고 싶었던 기획이라고 합니다.

"하지만 전부 그런 것은 아니고, 좋은 아이디어가 있으면 프로젝트 팀의 의견도 채용합니다. 팀의 예술적인 자유도 존중해서 자유롭게 다양한 아이디어를 주고받습니다. 말하자면 직원은 가족이나 마찬가지죠."

그러고 보니 직원과의 대화는 무척 스스럼없고 가정적입니다. 같은 뜨개 동호회

색에 대한 열정이 넘쳐나는 털실 선반(HHF 제공).

채피(Chappy)

손염색 아티스트. 손염색실 브랜드 Chappy Yarn 다이어 겸 CEO. 도쿄에서 태어나 홍콩에 살고 있다. 2015년부터 보고 뜨고 입어서 즐거운 촉감을 중시한 손염색실을 선보이고 있다. 이벤트와 인터넷을 중심으로 뜨는 사람이 행복해지는 손뜨개실을 목표로 활동하고 있다.

Instagram : Chappy Yarn

1／헤지호그 파이버를 특징짓는 엄선한 검정 스페클(HHF 제공).
2／폐기된 실을 재활용한 친환경 넵 얀. 트위디도 베아타의 아이디어. 3／갓 염색된 실은 건조실에서 정성껏 건조한다.

Hedgehog Fibres

아일랜드다운 녹색 2층 건물에 공방, 쇼룸이 들어찬 HHF 본사 스튜디오. 10명의 다이어가 실을 염색하고 있습니다.

회원이었던 직원도 있어 "샘플이 너무 많아서 수납하기 힘들어"라며 푸념하는 베아타 씨에게 취재에 동석한 중년의 직원이 "미니 창고를 빌리세요"라고 엄마처럼 지적하기도 했죠. 그 직원이 취재 후 잡담에서 "그녀는 정말 재능이 풍부해요. 매일 다양하고 많은 일을 해내서 언제나 감탄스러워요"라며 진심 어린 존경과 신뢰의 눈빛을 보인 것이 인상적이었습니다.

확고한 자신감과 끊임없는 노력, 색에 대한 열정과 재능으로 똘똘 뭉친 고슴도치 아티스트를 직원 고슴도치들이 온 힘을 다해 돕고 있습니다. "내가 원하는 색만"이라고 망설임 없이 답하는 멋과 당당함이 인상적입니다. 샤프한 맛과 컬러풀하고 즐거운 색의 하모니가 절묘하게 어우러지는 헤지호그사의 실은 그런 아티스트와 직원의 케미스트리에서 생겨나는 것일지도 모릅니다.

끝으로 〈털실타래〉 독자에게 보낼 메시지를 물었습니다. "뜨개는 자신의 소중한 시간과 돈과 노력을 쏟는 궁극의 엔터테인먼트입니다. 꼭 자신이 떠서 즐겁고, 행복을 느끼는 실로 뜨개를 즐겨주세요! 그게 만약 헤지호그의 실이라면 저도 행복할 겁니다."

4／최근에는 가드닝에서도 색채의 영감을 얻고 있다는 다이어 겸 CEO인 베아타. 늘 도전과 예상 밖의 기쁨이 있는 점이 가드닝의 매력이라고 한다. 5／스튜디오 곳곳에 고슴도치가 숨어 있어요. 6／샘플의 9할은 베아타가 직접 뜬 것. 아무리 바빠도 매일 대바늘과 코바늘을 뜬다고 한다.

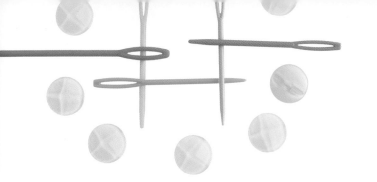

Let's Knit in English!
니시무라 도모코의 영어로 뜨자
평소의 뜨개코와 달리 발돋움을 한다?

photograph Toshikatsu Watanabe   styling Terumi Inoue

코바늘뜨기의 코를 뜨면서 좀 더 빨리 뜰 수 있었으면 하고 생각한 적은 없나요?

특히 짧은뜨기가 계속되면 그렇게 생각할 때가 있습니다. 짧은뜨기는 독특한 모양이 있고 뜨개바탕이 두툼하게 나오기 때문에 그 특징을 살리는 경우는 별개지만, 이번에는 짧은뜨기를 뜨지만 조금 얇게, 짧은뜨기가 발돋움을 한 듯한 모양으로, 뜨는 속도도 조금 빨라지는 색다른 뜨개법을 소개합니다.

순서는 아래와 같습니다. 코바늘뜨기의 패턴에서는 아래와 같이 코의 순서를 하나씩 자세히 기재하는 경우가 많습니다.

<Pattern A>Extended Single Crochet(ESC)

Step 1: Insert hook into foundation chain (or into top of stitch worked in the previous row).

Step 2: Yarn over hook.

Step 3: Draw loop through fabric.

Step 4: Yarn over and draw through first loop only, forming a chain stitch.

Step 5: Yarn over and draw through two loops on hook.

〈패턴 A〉 늘어난 짧은뜨기

①기초코의 사슬코(또는 앞단의 코의 머리)에 바늘을 넣는다.

②바늘에 실을 건다.

③실을 빼낸다.

④바늘에 실을 걸어 바늘에 걸린 1개의 루프로 빼낸다(사슬코가 1코 생긴다).

⑤바늘에 실을 걸고 남은 2개의 루프로 빼낸다.

위의 ④의 순서에 따라 원래의 짧은뜨기 순서 앞에 사슬코를 1코 뜸으로써 코가 길어(키가 커)집니다. 이 늘어난 짧은뜨기를 영어로는 Extended Single Crochet(ESC)라고 부릅니다.

한국어로는 '늘어난 짧은뜨기'라고 할까요.

긴뜨기나 한길 긴뜨기의 경우도 생각하는 방식은 같습니다. 원래처럼 처음에 바늘에 실을 건 다음 ④의 순서로 사슬코를 뜬 후, 긴뜨기 또는 한길 긴뜨기를 뜨면 Extended Half Double Crochet(EHDC) '늘어난 긴뜨기'나 Extended Double Crochet(EDC) '늘어난 한길 긴뜨기'가 됩니다.

어느 코든 평소의 표정과 달라서 신선합니다.

조금 변화를 더하고 싶을 때나 코의 높이를 조정하고 싶을 때 적용해 보는 건 어떨까요?

늘어난 짧은뜨기의 뜨는 법

1

기초코의 사슬코(또는 앞단의 코의 머리)에 바늘을 넣고, 실을 걸어서 빼냅니다.

2

바늘에 실을 걸어 바늘에 걸린 1개의 루프로 빼냅니다.

3

사슬코가 1코 떠진 모습.

4

바늘에 실을 걸어 남은 2개의 루프로 빼냅니다.

5

늘어난 짧은뜨기가 완성됐습니다.

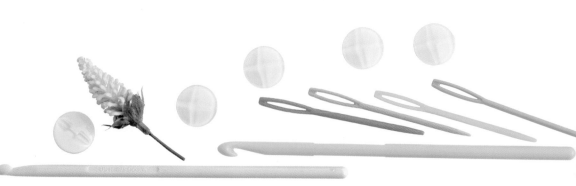

A : 늘어난 짧은뜨기(ESC), B : 늘어난 긴뜨기(EHDC), C : 늘어난 한길 긴뜨기(EDC)

<Pattern B>Extended Half Double Crochet(EHDC)

Step 1: Yarn over hook.

Step 2: Insert hook into foundation chain (or into top of stitch worked in the previous row).

Step 3: Yarn over hook and draw loop through fabric.

Step 4: Yarn over and draw through first loop only, forming a chain stitch.

Step 5: Yarn over and draw through three loops on hook.

〈패턴 B〉 늘어난 긴뜨기

①바늘에 실을 건다.

②기초코의 사슬코(또는 앞단의 코의 머리)에 바늘을 넣는다.

③바늘에 실을 걸어 실을 빼낸다.

④바늘에 실을 걸어 바늘에 걸린 1개의 루프로만 빼낸다.

⑤바늘에 실을 걸어 남은 3개의 루프로 빼낸다.

<Pattern C> Extended Double Crochet(EDC)

Step 1: Yarn over hook.

Step 2: Insert hook into foundation chain(or into top of stitch worked in the previous row).

Step 3: Yarn over hook and draw loop through fabric.

Step 4: Yarn over and draw through first loop only, forming a chain stitch.

Step 5:Yarn over and draw through only two loops on hook.

Step 6: Yarn over and draw through remaining two loops on hook.

〈패턴 C〉 늘어난 한길 긴뜨기

①바늘에 실을 건다.

②기초코의 사슬코(또는 앞단의 코의 머리)에 바늘을 넣는다.

③바늘에 실을 걸어 실을 빼낸다.

④바늘에 실을 걸어 바늘에 걸린 1개의 루프로만 빼낸다.

⑤바늘에 실을 걸어 바늘에 걸린 2개의 루프로만 빼낸다.

⑥바늘에 실을 걸어 남은 2개의 루프로 빼낸다.

니시무라 도모코(西村知子)

니트 디자이너. 공익재단법인 일본수예보급협회 손뜨개 사범. 보그학원 강좌 '영어로 뜨자'의 강사. 어린 시절 손뜨개와 영어를 만나서 학창 시절에는 손뜨개에 몰두했고, 사회인이 되어서는 영어와 관련된 일을 했다. 현재는 양쪽을 살려서 영문 패턴을 사용한 워크숍·통번역·집필 등 폭넓게 활동하고 있다. 저서로는 국내에 출간된 《손뜨개 영문패턴 핸드북》 등이 있다.

Instagram : @tette.knits

하야시 고토미의 Happy Knitting

photograph Toshikatsu Watanabe, Noriaki Moriya(process) styling Terumi Inoue

루누섬에 전해지는 아름다운 화이트 니트

2019년 미국 잡지 《PIECE WORK.》 표지의 반장 갑은 에스토니아의 니트를 연구하는 미국인 낸시 부시 씨의 디자인.

아누 핑크 씨가 저자 중 한 명인 에스토니아의 전통적인 니트 테크닉 책.

핑크 씨에게 배운 테크닉을 사용해 내셔널 뮤지엄에서 봤던 컬렉션(가운데)과 자료를 토대로 재현해 뜬 반장갑.

2018년 〈화이트 니트〉전에 전시되어 있던 스웨터의 소맷부리. 배색과 호리젠틀 스티치가 아름답다.

곧 발매 예정인 핑크 씨의 루누 니트 책에서.
www.saara.ee

에스토니아의 작은 섬인 루누섬에는 흰 바탕을 베이스로 한 독특한 니트가 남아 있습니다. 그 밖에도 에스토니아에는 키누섬, 무후섬 등 아름다운 수예로 유명한 섬이 더 있습니다. 특히 색이 풍부한 무후섬과 루누섬은 배색법이 극과 극이라고 말할 수 있습니다.

2018년 에스토니아의 빌란디에서 북유럽 니트 심포지엄이 열렸을 때 지역 뮤지엄에서 〈화이트 니트〉라는 테마로 작은 전시회가 열리고 있었습니다. 그중 한 스웨터는 처음 보는 것으로, 바탕은 흰 실이고 소맷부리에는 남색의 배색무늬가 디자인되어 있었습니다. 안뜨기 무늬는 덴마크의 나이트 셔츠에 사용된 무늬와도 비슷했지만 흰색으로 떠서 무늬가 또렷하게 올라와 있었습니다.

소맷부리에 들어간 약 3cm의 남색 배색이 전체적인 포인트를 이룬 잊을 수 없는 스웨터였습니다. 이게 루누의 스웨터라는 걸 알게 된 것은 2022년입니다. 이전부터 가끔 구매했던 미국의 수예 잡지 《PIECE WORK》에 루누섬의 기사가 실려 있었던 겁니다. 사실은 짬이 나서 사두기만 하고 처박아뒀던 호를 꺼내서 보는데 제가 2018년에 봤던 스웨터가 루누의 스웨터로 소개되어 있었던 거죠. 그래서 2023년 여름에 열린 크래프트 캠프(개최지는 빌란디)의 주최자에게 2018년의 〈화이트 니트〉의 컬렉터를 알려달라고 문의했더니 일부는 아누 핑크라는 분의 컬렉션이고, 그녀는 루누 니트에도 정통하다고 알려주었습니다. 크래프트 캠프의 강사는 아니었지만 연락처를 받아서 만났습니다.

아누 핑크 씨는 카페와 숍을 갖고 있고 자신의 책도 출판한 분으로 《ESTONIAN KNITTING》이라는 멋진 책의 저자 중 한 사람이기도 합니다. 그 첫 권에는 루누의 스웨터에 사용된 패턴도 실려 있습니다. 그녀는 마침 루누 니트 책을 만들고 있는 중이어서 작품을 보고 간단한 니트의 역사를 들었습니다. 제가 2018년에 봤던 스웨터는 특별한 날에 입는 여성용 스웨터로 밑단이 팔랑거리는 사랑스러운 디자인입니다.

평상복용 스웨터는 회색의 영국 고무뜨기로 남녀, 아이 모두 같은 모양입니다.

흰색 반장갑은 여성용으로 교회 등에 갈 때 착용했다고 합니다. 핑크 씨는 반장갑에 사용된 테크닉 이야기도 들려주었습니다. 가장 큰 특징은 기초코와 장식 구멍이 들어간 지그재그의 트래블링 스티치라며 기초코 뜨는 법을 가르쳐주었습니다. 타르투에 있는 내셔널 뮤지엄에서 실물을 볼 수 있는 방법을 듣고, 내셔널 뮤지엄에서는 루누의 반장갑과 스타킹을 볼 수 있었습니다.

실물로 보는 것과 사진은 차이가 커서 치수를 재거나 콧수를 세거나 하면서 즐거운 시간을 보냈습니다. 다만 스웨터는 에스토니아에는 거의 남아 있지 않고, 검색해도 루누 뮤지엄의 손상된 스웨터 사진밖에 볼 수 없었습니다. 지금은 헬싱키의 뮤지엄에 남아 있다고 합니다. 반장갑은 스톡홀름의 뮤지엄도 소장하고 있다고 들었습니다.

루누의 반장갑은 소품이지만 다양한 테크닉이 집약된 호사스러운 니트입니다. 저도 이런 이미지와 반장갑의 테크닉을 합쳐서 베스트를 디자인해봤습니다. 물론 루누에는 베스트라는 아이템은 없지만, 흰색과 남색의 대비가 아름다운 루누 스웨터의 인상을 공유해주시면 좋겠습니다.

몸판의 패턴은 전통 패턴을 사용하고,
스웨터에는 소맷부리에 들어간 배색을 앞뒤 몸판의 어깨에 넣어봤습니다.
반장갑에 사용된 2색으로 뜬 호리젠틀 스티치를
밑단과 진동둘레에 사용해 완성했습니다.

Design／하야시 고토미 How to make／P.160
Yarn／데오리야 울 N

2색의 호리젠틀 스티치 뜨는 법

❶ 뜨개 시작 1코 앞쪽 코에서(앞단 마지막 코) 남색 실을 빼내 왼바늘에 옮깁니다. 이 코가 호리젠틀 스티치가 됩니다.

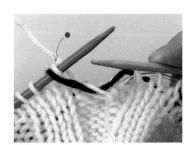

❷ 뜨개 시작 코(●)와 교체해 뜨개 시작 코를 흰색으로 뜹니다.

❸ 호리젠틀 스티치가 앞쪽에 걸쳐지고, 본체의 코가 떠졌습니다.

❹ 호리젠틀 스티치의 코를 남색으로 겉뜨기하고, 왼바늘에 옮깁니다(호리젠틀 스티치가 2코가 된다).

❺ 호리젠틀 스티치의 코와 다음 코를 교체합니다. 호리젠틀 스티치가 앞쪽에 오도록 주의합니다.

❻ 본체의 코를 흰색으로 뜹니다.

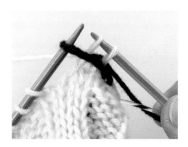

❼ 호리젠틀 스티치가 2코, 본체의 코가 2코 떠졌습니다.

❽ 다음은 호리젠틀 스티치의 코를 흰색으로 뜨고, 왼바늘에 옮깁니다.

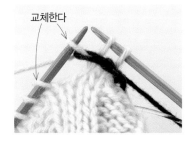

❾ 호리젠틀 스티치의 코와 다음 코를 교체합니다. 호리젠틀 스티치가 앞쪽에 오도록 주의합니다.

❿ 교체한 코를 겉뜨기합니다.

⓫ ❼~❿을 반복하되, 호리젠틀 스티치는 남색과 흰색을 2코씩 반복합니다.

⓬ 호리젠틀 스티치를 뜨면서 1단 뜬 모습입니다. 도안을 참고해서 다음 단도 동일하게 뜹니다.

하야시 고토미(林ことみ)
어릴 적부터 손뜨개가 친숙한 환경에서 자랐으며 학생 때 바느질을 독학으로 익혔다. 출산을 계기로 아동복 디자인을 시작해 핸드 크래프트 관련 서적 편집자를 거쳐 현재에 이른다. 다양한 수예 기법을 찾아 국내외를 동분서주하며 작가들과 교류도 활발하다. 저서로《북유럽 스타일 손뜨개》등 다수가 있다.

릴리 얀 형태의 코튼 100% 테이프 얀은
산뜻하고 상쾌한 촉감. 어려워 보이는 세
로 줄무늬 배색도 가로뜨기한 뜨개바탕을
2장 뜨고서 맞댄 것이라 매우 간단해요.
무늬뜨기를 뜨는 재미에 눈뜰 것 같아요.

Design／우노 지히로
How to make／P.151
Yarn／퍼피 아라비스

내추럴함이 기분 좋은
천연 소재의 심플 웨어

옷이 얇아지는 요즘 같은 계절에 피부에 직접 닿는 옷은 안심되는 소재를 사용하고 싶어요.
코튼, 실크 등 천연 소재 특유의 착용감을 마음껏 느껴보아요!

photograph Shigeki Nakashima styling Kuniko Okabe,Yuumi Sano hair&make-up
Hitoshi Sakaguchi model Anna(173cm), Danila(183cm)

친숙한 데님 컬러로 뜬 베스트는 평소 니트를 잘 입지 않는 남성에게도 추천! 오버핏이 귀여운 인상을 주니까 남녀공용으로도 입을 수 있어요. 코튼 100%의 매끈한 감촉에 기분이 좋아져서 다음에 또 떠 달라고 할지도?!

Design／이토 나오타카
How to make／P.162
Yarn／퍼피 피마 데님

러프한 스타일을 질 좋은 소재로 뜨는 것도 성인 니트 스타일의 묘미랍니다. 실크 100%의 실과 슬러브 안의 질감이 근사한 코튼 리넨 혼방사를 합사해서 실크 특유의 매끄러움과 리넨의 팽팽함을 만끽할 수 있는 벌룬 소매 니트입니다. 올록볼록한 1코 교차무늬도 멋스럽습니다.

Design／yohnKa
How to make／P.182
Yarn／데오리야 T실크, 코튼 리넨 KS

코튼 병태사로 뜬 우아한 비침무늬 풀오
버. 굵은 실도 비침무늬에 사용하니 가벼
운 느낌을 주네요. 발색이 예쁘고 색상 수
도 풍부한 실이므로 실을 고르는 더없이
행복한 시간도 맛볼 수 있답니다.

Design／YOSHIKO HYODO
Knitter／야마다 가나코
How to make／P.178
Yarn／데오리야 오리지널 코튼

봄맞이 양말

체인 모양의 러블리한 비침무늬 양말로 새로운 계절을 맞이해보세요.
봄 패션의 시작은 발에서! 첫 양말 뜨기에 도전해보아요.

photograph Shigeki Nakashima styling Kuniko Okabe, Yuumi Sano
hair&make-up Hitoshi Sakaguchi model Anna(173cm)

기본 디자인을 약간씩 달리해 즐기는 양말 3종. 오른쪽 위의 기본색 양말은 안메리야스뜨기 바탕의 비침무늬를 발목까지 이어 떴습니다. 왼쪽 위는 봄색 투톤 컬러. 배색을 하면서 오른쪽 위 양말과 똑같이 뜨되, 양말목은 무늬를 뜨지 않고 돌돌 말리게 만듭니다. 왼쪽 아래 노란색 양말은 바탕무늬를 번갈아 뜨고 양말목은 접어서 도톰하게 마무리했습니다. 뜨고픈 양말은 찾았나요? 아니면 3켤레 모두 떠보면 어떨까요.

Design／니시무라 도모코
Knitter／야기 유코(오른쪽 위)
How to make／P.180
Yarn／다루마 슈퍼워시 스패니시 메리노

79

손뜨개꽃길의
사계절 코바늘 플라워

사계절 내내 즐기는 아름다운 뜨개 꽃과 식물

CROCHET FLOWER

박정조 지음 | 244쪽 | 22,000원

재료와 도구, 실, 코바늘 기초 레슨까지 담아 누구나 생화같은 꽃을 만들 수 있습니다.
손뜨개꽃길의 친절한 설명과 과정별 사진을 따라 아름다운 꽃을 떠보세요!

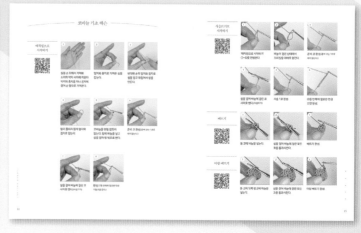

생화같이 아름다운 손뜨개 꽃과 식물 30
오랜 시간 꾸준히 사랑받은 꽃과 우아한 형태로 인기가 많은 꽃,
혼자 두어도, 꽃과 조합해도 예쁜 그린 소재까지!

내가 만든 '털실타래' 속 작품

〈털실타래 Vol.3〉 88p

@made_jia

살: Grace

책에서 보자마자 반해서 뜨기 시작했는데 생각보다 손이 많이 가서, 시작한 나를 원망하기도 했어요. 하지만 완성했을 때의 성취감이 어마어마해서 굉장히 행복했던 작품이었어요.

〈털실타래 Vol.6〉 29p

@yeon_knit

살: 로완 트위드 헤이즈 + 로완 키드실크 헤이즈
Amuhibi 작가님의 에어리 니트는 단순한 기법의 도안이나 다른 질감의 실을 사용해 포인트로 입기 좋은 세련되고 멋스런 니트 베스트입니다. 굵은 바늘로 빠르고 쉽게 완성할 수 있다는 것도 하나의 즐거움입니다.

〈털실타래 Vol.5〉 16p

김소연(@me_myself_sy)

살: 니트컨테이너 앙고라20% 겨자 6합
밝은 컬러의 실이 무늬를 더욱 돋보이게 해 화사하고 예쁜 카디건이 완성되었어요. 단순한 겉뜨기와 안뜨기만으로도 이렇게 예쁜 무늬가 나오는구나 하고 뜨는 내내 감탄하며 즐거웠답니다.

〈털실타래 Vol.2〉 20p

장보연(블로그 취미부자 라하이맘)

살: 캐시울 콘사와 모헤어 합사
오랜 시간 집순이인 제게 뜨개는 즐거운 친구가 되어주었습니다. 아란무늬는 제게 큰 도전이었는데 도안을 보며 따라가다 보니 아름다운 무늬를 보여주어 즐거웠습니다. 〈털실타래〉를 보며 하나하나 작품을 완성해가는 기쁨을 느끼고 있습니다.

〈털실타래 Vol.5〉 20p

An(@knit_an_92.9)

살: 소노모노(Sonomono)61
제가 원하던 건지 니트가 있어 설레는 맘으로 뜨기 시작했어요. 겉뜨기, 안뜨기로 여러 무늬가 생기고 그것들이 어우러져 매력적인 니트로 완성되었어요. 딱 맞아 떨어지는 간격과 모양이 신기해 지루할 틈 없이 재미있어요. 도서에 설명이 잘 되어 있어 막힘없이 완성할 수 있었답니다. ^^

〈털실타래 Vol.4〉 19p

호야희야(@crochet_hoyahuiya)

살: 산네스간 틴리네
표지 사진에 반해서 뜨기 시작했습니다. 찰랑거리는 틴리네와 찰떡 같은 무늬의 디자인이에요. 단순한듯 보이지만 복잡한 무늬라 진행 방향을 신경 쓰며 떴답니다.

독자분들이 뜬 〈털실타래〉 속 작품을 소개합니다!
원작의 느낌을 살려 완성한 작품, 취향대로 디자인을 조금 변형한 작품, 다른 색으로 떠 새로운 느낌으로
만든 작품까지 모두 만나 보세요.
〈털실타래 Vol.1~7〉 속 작품을 만드셨다면 SNS에 사진과 해시태그(#털실타래)를 함께 업로드해 주세요!

구성·편집 : 편집부

〈털실타래 Vol.3〉 78p

@aprils.arwen

실: 열매달이틀의 여름방학(흰색), 니팅뜨데이의
오가닉코튼(연보라색)
모헤어로 되어 포근해 보이는 작품을 초여름에
입고 싶어서 여름실로 떠 봤어요. 흰색으로만 뜨
면 좀 부담스러울까봐 비침무늬 부분에 배색을
넣어보았는데 생각보다 예쁘게 나와서 혼자 뿌
듯해 했답니다.

〈털실타래 Vol.6〉 14p

헤이신디(@heycindy2023)

실: 실과 사람 비발디 메리노울
오밀조밀하면서도 조화로운 노르딕 배색 패턴은
뜨는 재미는 물론, 완성하고 나면 높은 성취감도
느낄 수 있고요. 반복적인 무늬는 뜨다 보면 어느
새 손에 익어서 어렵지 않게 뜰 수 있어요. 정통
노르딕 패턴의 매력을 제대로 느껴볼 수 있는 디
자인이라 만족했습니다. 배색의 매력에 푹 빠져
보고 싶다면 도전해도 좋을 아이템이라고 생각
해요!

〈털실타래 Vol.1〉 92p

김나연(코아짱 @koa_shallweknit_2023)

실: 뜨람하다 백화 손염색실 1합 + 에어울 우드1
합
고상하고 지루하지 않은 입체감의 다이아몬드 무
늬를 사용하면서 백화의 스펙클이 더해져 러스
틱하면서도 한층 더 발랄해진 셔틀랜드가 탄생
하였답니다.

〈털실타래 Vol.5〉 24p

@knitccountant

실: 다루마 Merino DK
2023년 가을호 4사이즈 니팅에 수록된 판초입
니다. 화사한 라벤더 색상이 도안이랑 잘 어울려
서 맘에 쏙 들었어요. 봄, 가을, 겨울 두루두루 입
을 수 있을 것 같아요!

〈털실타래 Vol.3〉 89p

유어니팅(@your_knittinggg)

실: 써니데이즈실
상큼한 써니데이즈실로 오트쿠튀르한 작품을 자
주 입을 수 있도록 사이즈 조정을 해서 캐주얼하
게 떠 보았습니다. 정교한 디자인이라 떠서 입었
을 때 핏이 예쁩니다.

〈털실타래 Vol.6〉 46p

뜨개정원(@ggomzi_sun)

실: 알리제 앙고라골드 옴브레
그러데이션 실의 매력이 잘 보여지는 작품이라
떠 보게 되었어요. 지루하지 않게 뜰 수 있고 도
안도 매우 심플한 편이라 뚝딱 만들어지는 느낌
에 사이즈 수정 등의 응용도 쉬운 옷입니다. 코
바늘 의류지만 매우 가볍고 좋아요. 단색으로 또
떠 보고 싶어요!

photograph Hironori Handa styling Masayo Akutsu hair&make-up Yuri Arai model Paulina(174cm)

스캘럽 에지 카디건

시다 히토미의
쿠튀르 어레인지

《쿠튀르 니트 봄여름 4》중에서
물방울 모양의 무늬가 늘어서 있는 풀오버였습
니다.

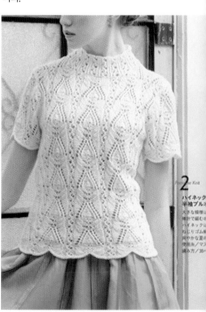

봄은 부드러운 햇빛과 함께 한 걸음씩 천천히 다가옵니다. 식물이 싹을 틔우게 도와주어 나무와 땅에 색깔을
입혀 우리에게 봄이 왔음을 알려줍니다.

이번에는《쿠튀르 니트 봄여름 4》중에서 굵은 레이스무늬와 가는 레이스무늬를 세로로 나열한 하이넥 반소매
풀오버를 골라 어레인지했습니다. 가벼운 카디건이 되게끔 만들었답니다.

아이템을 풀오버에서 카디건으로 바꿔 큰 변화를 느낄 수 있고 무늬도 가슴 위아래로 나눠 떴습니다. 단마다
조작하는 레이스무늬를 2단 무늬로 바꿨고, 목둘레만 곡선으로 하고 몸판과 소매는 모두 직선으로 해서 쉽게
뜰 수 있게 만들었습니다. 가볍게 완성하고자 조금 가는 면 테이프 얀을 선택했고 색깔은 연그레이에 핑크를
섞은 듯한 미묘한 어른스러운 색깔입니다.

이번 니트는 아이템, 소재, 무늬 등 많은 부분을 어레인지해서 약간 진지한 느낌의 카디건이 되었습니다. 봄부
터 여름까지 활약할 테지요. 색, 테두리뜨기, 단추 개수나 크기를 바꾸는 등 조금 더 재미를 더해서 여러분의
개성대로 어레인지해보세요.

detail

몸판 아랫부분 전체에 넣은 큰 레이스무늬는 돌려뜨기 라인을 4줄 넣은 무늬를 반복해 뜹니다. 윗부분에서 자연스럽게 무늬가 바뀌는데, 가는 레이스무늬를 대칭으로 세로로 배치해 뜹니다. 소매도 몸판처럼 큰 레이스무늬를 계속 뜨다가 세로무늬로 바꿔서 곧게 뜬 뒤 몸판과 코와 단 잇기를 합니다.

테두리뜨기는 앞단과 목둘레를 이어서 먼저 안뜨기를 뜹니다. 모서리는 대칭으로 코를 늘려서 완만한 곡선을 만들고 마지막은 돌려 1코 고무뜨기 코막음을 합니다.

기초코는 가장자리의 스캘럽 에지를 살리기 위해 별도 사슬로 만듭니다. 다 뜬 뒤에는 가터뜨기를 하고 스캘럽이 예쁘게 보이도록 안뜨기로 느슨하게 덮어씌워 코막음합니다.

《쿠튀르 니트 봄여름 4》 중에서
Knitter／마키노 게이코
How to make／P.165
Yarn／다이아몬드케이토 다이아 씨엘로
Skirt／SLOW 오모테산도점

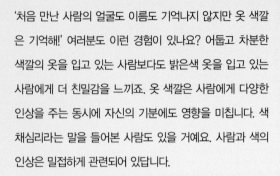

Knit +1

오카모토 게이코의

니트 +원

**햇살이 조금씩 강해지는 봄에는
강렬한 톤의 겉옷으로 활기차게 지내보세요.**

photograph Shigeki Nakashima styling Kuniko Okabe, Yuumi Sano
hair&make-up Hitoshi Sakaguchi model Anna(173cm)

'처음 만난 사람의 얼굴도 이름도 기억나지 않지만 옷 색깔은 기억해!' 여러분도 이런 경험이 있나요? 어둡고 차분한 색깔의 옷을 입고 있는 사람보다도 밝은색 옷을 입고 있는 사람에게 더 친밀감을 느끼죠. 옷 색깔은 사람에게 다양한 인상을 주는 동시에 자신의 기분에도 영향을 미칩니다. 색채심리라는 말을 들어본 사람도 있을 거예요. 사람과 색의 인상은 밀접하게 관련되어 있답니다.

이번에는 봄호이므로 섬세한 무늬로 뜬 대담한 디자인의 코바늘뜨기 겉옷을 소개하겠습니다. 밝고 부드러운 색감의 파스텔컬러도 좋을 듯했지만 굳이 발랄하고 파워풀한 컬러인 노란색과 초록색을 선택했어요. 노란색은 밝고 사교적인 인상을 주기 때문에 초면인 사람에게도 친근감을 줍니다. 다만 노란색은 유치해 보이는 결점도 있으므로 약간 어두운 톤을 골랐습니다. 초록색은 눈에 좋고 상대방에게 안심감을 줍니다. 자연스럽고 꾸미지 않은 인상이 있어서 상대에게 긴장감을 주지 않아요. 다만 패션에서 차지하는 면적이 지나치게 많으면 개성이 강해지므로 주의합니다.

이번에 사용한 실은 코바늘에 가장 알맞은 '카펠리니'입니다. 면의 등급은 섬유 길이로 정해집니다. 카펠리니에 사용한 면은 마코 코튼이라는 최고급 면으로 일반 코튼의 100배 정도 흡습성과 통기성이 뛰어납니다. 무엇보다 실크 같은 광택이 훌륭합니다. 올해 봄과 여름에는 색깔이 있는 옷을 입어보세요! 꼭 기분도 밝아질 거예요.

오카모토 게이코(岡本啓子)
아틀리에 케이즈케이(atelier K's K) 운영. 니트 디자이너이자 지도자로 왕성하게 활동하고 있다. 한큐 우메다 본점 10층에 위치한 케이즈케이의 오너이자 공익재단법인 일본수예보급협회 이사. 저서로는 《오카모토 게이코의 손뜨개 코바늘뜨기》가 있다.
http://atelier-ksk.net/
http://atelier-ksk.shop-pro.jp/

카펠리니

왼쪽／큰 꽃 모티브를 대담하게 배치한 인상적인 카디건. 소매 밑선은 꿰매지 않고 살랑거리는 움직임을 즐깁니다.

Knitter／사사지마 미치요
How to make／P.167
Yarn／카펠리니

오른쪽／기장이 짧은 볼레로는 파인애플 무늬를 세로로 넣어서 상쾌해 보여요. 밑단에 원형 모티브를 더해서 유쾌하게 완성했어요.

Knitter／미야모토 히로코
How to make／P.173
Yarn／카펠리니

비기너를 위한 신·수편기 스이돈 강좌

이번 호에서 도전할 과제는 바로 '모티브'.
수편기로 모티브를 뜰 수 있다는 사실 알고 계셨나요?

photograph Hironori Handa styling Masayo Akutsu hair&make-up Yuri Arai model Paulina(174cm)

사이드 오픈 베스트는 수편기로 뜬 모티브를 코바늘로 연결해서 수편기와 손뜨개가 만난 작품입니다. 모티브 중간에 비침무늬를 넣어서 부드러운 느낌으로 완성했습니다. 중심에 단 코바늘뜨기 꽃으로 봄옷의 멋스러움을 더했습니다.

Design／실버편물연구회 오쿠무라 레이코
How to make／P.184
Yarn／다이아몬드케이토 다이아 코스터 노바, 다이아 스케치

Turtleneck／SLOW 오모테산도점
Curt／하라주쿠 시카고(하라주쿠/신구마에점)

88

수편기로 사각 모티브를 떠서 심플한 풀오버에 아플리케해 봤습니다. 크기와 색을 바꿔서 마음대로 배치하면 나만의 오리지널 작품이 완성됩니다. 수편기로 뜨는 모티프 꼭 한번 도전해보시기 바랍니다.

Design／실버편물연구회 오쿠무라 레이코
How to make／P.186
Yarn／퍼피 코튼 코나

신·수편기 스이돈 강좌

수편기로 뜨는 모티브는 아주 드물지만 한번 도전해보세요.
작은 부분을 연결하면
쿤스트 뜨기와 같은 모티브가 완성됩니다.

촬영/모리야 노리아키

사각 모티브 뜨는 법(P.89 작품, 모티브 A)

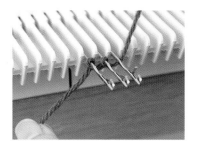

1
파트 a를 뜹니다. 캐리지를 오른쪽에 놓은 상태에서 왼쪽에 감아코를 3코 만듭니다.

2
캐리지에 실을 걸고 왼쪽으로 밀어서 1단을 뜹니다.

3
왼쪽 빈 바늘에 1코를 D 위치로 꺼내고 다른 바늘도 D 위치로 꺼내서 오른쪽으로 밀어서 1단을 뜹니다. 무개추를 쓰지 않고 손으로 가볍게 뜨개 바탕을 잡습니다.

4
왼쪽 빈 바늘에 실이 걸리면서 루프가 생겼습니다.

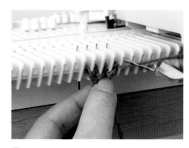

5
오른쪽 빈 바늘을 1코 D 위치로 꺼내고 다른 바늘도 D 위치로 꺼내서 왼쪽으로 밀어서 1단 뜹니다.

6
오른쪽 빈 바늘에 실이 걸리면서 루프가 생겼습니다.

7
3~6을 반복합니다. 콧수가 늘면 무개추를 걸어서 15코가 될 때까지 뜹니다.

8
15코까지 뜨면 버림실 뜨기를 해서 꺼냅니다. 같은 방법으로 1장을 더 뜹니다.

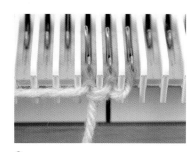

9
파트 b를 뜹니다. 1~2와 같은 방법으로 2번째 단을 뜹니다.

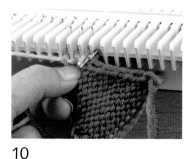

10
오른쪽 빈 바늘을 1코 꺼내서 파트 a 3번째 단의 왼쪽 가장자리 루프를 걸고 바늘을 D 위치로 꺼내서 3번째 단을 뜹니다.

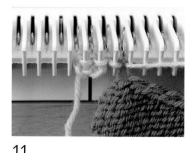

11
오른쪽 빈 바늘에 실이 걸리면서 파트 a의 3번째 단과 연결됐습니다.

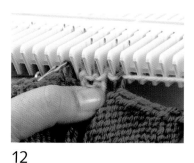

12
왼쪽 빈 바늘을 1코 꺼내서 다른 파트 a 1장의 4단 오른쪽 가장자리 루프를 걸고 바늘을 D 위치로 꺼내서 4번째 단을 뜹니다.

모티브 A
(메리야스뜨기)
D=4
초록색 3장
빨간색 1장

(짧은뜨기) 0.5
3/0호 코바늘

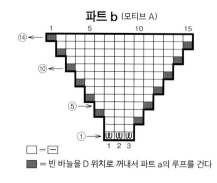

파트 b (모티브 A)

□ = ⊟
■ = 빈 바늘을 D 위치로 꺼내서 파트 a의 루프를 건다

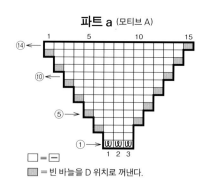

파트 a (모티브 A)

□ = ⊟
■ = 빈 바늘을 D 위치로 꺼낸다.

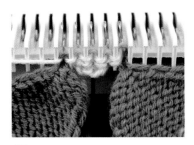

13

왼쪽 빈 바늘에 실이 걸리면 다른 1장의 파트 a의 4번째 단과 연결됐습니다. 10~13과 같은 방법으로 15코가 될 때까지 뜹니다.

14

15코까지 뜨면 버림실 뜨기를 해서 꺼냅니다. 3장이 이어진 모습.

15

같은 방법으로 파트 b를 다른 1장과 연결합니다. 파트 4장이 연결되면서 사각 모티브가 됐습니다.

16

뜨개 시작의 꼬리실로 맞댄 파트를 잇고 가운데 구멍을 꿰맵니다.

코드뜨기하는 법

1

캐리지를 오른쪽에 놓은 상태에서 왼쪽에서 감아코를 3코 만듭니다.

2

러셀 레버 오른쪽을 바늘비우기(スベリメ), 왼쪽을 평뜨기(ヒラアミ)로 놓습니다.

3

왼쪽으로 밀어서 1단을 뜹니다(모든 코를 뜹니다).

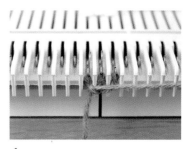

4

오른쪽으로 밀어서 1단을 뜹니다(바늘비우기를 합니다).

5

3~4를 반복합니다. 캐리지를 1번 왕복하면 1단이 떠집니다.

6

필요한 단수를 뜨면 실을 자릅니다.

7

꼬리실을 돗바늘에 꿰서 바늘에 걸린 코에 실을 통과시킵니다.

8

수편기에서 꺼내서 다시 1번 실을 통과한 후 조입니다.

아름다운 무늬와 섬세한 디테일
다양한 기법과 구조의 뜨개 옷이 가득!

유월의 솔의 투데이즈 니트

유월의 솔 저 | 24,000 원

어깨를 타고 흐르는 부드러운 곡선, 색다른 무늬의 소매 장식, 옷 끝을 장식하는 프릴 등 니터라면 알아보는 특별한 디테일이 가득한 유월의 솔의 니트를 소개합니다. 최대한 다양한 방식으로 옷을 만들 수 있도록 구성해 여러 가지 뜨개 옷의 구조와 기법을 배울 수 있어요. 오늘 당장 입고 싶은 옷과 소품을 만나보세요.

대바늘 뜨개로 만드는 작고 귀여운 숲속 인형과 소품
인기 인스타그래머 & 유튜버 '그린도토리'의 숲속 세상!

그린도토리의
숲속 동물 손뜨개

명주현 저 | 18,000 원

숲속에서 볼 수 있는 귀여운 동물과 나무, 버섯, 도토리 등 아기자기한 자연 소재 등 따뜻한 촉감이 매력적인 숲속 친구들을 가득 담았습니다. 초보 니터를 위해 기초 수업부터 단계별 난이도로 작품을 구성해 책을 따라 작품을 뜨다 보면 손뜨개의 매력에 흠뻑 빠질 수 있습니다. 보는 것만으로도 웃음이 지어지는 사랑스러운 모티브와 인형을 만나보세요.

코바늘로 뜨는 366가지 모티브
다채로운 모양의 모티브 뜨는 법과 모티브 작품

완전판
코바늘 모티브 패턴집 366

일본보그사 저 | 남궁가윤 역 | 22,000 원

원형, 삼각형, 사각형, 팔각형, 꽃 모양, 별 모양 등 다채로운 모양의 크로셰 모티브 패턴 366가지를 담은 책입니다. 모든 작품은 실물 사진, 도안으로 소개하며 책 속 패턴을 활용한 작품 8종도 함께 수록했습니다. 예쁜 모티브를 골라 나만의 작품을 만들어 보세요.

매일 들고 싶은 코바늘 손뜨개 가방
감각적인 디자인과 색감의 계절별 데일리백

매일매일 뜨개 가방

최미희 저 | 20,000 원

코바늘 뜨개가 처음 도전하는 사람을 위해 코바늘 뜨개의 기초부터 실의 배색 노하우까지 책 한 권에 알차게 담았습니다. 니팅맘이 제안하는 계절별 데일리백 20가지를 만나 보세요! 베이지 톤의 내추럴한 가방, 여름과 어울리는 네트백, 스트라이프가 포인트인 심플한 가방, 다채로운 컬러의 모칠라백, 따뜻한 소재의 캐주얼 백 등 다양한 작품을 만들 수 있습니다. 꼼꼼한 도안과 친절한 설명을 따라 하면 누구나 멋진 가방을 완성할 수 있습니다.

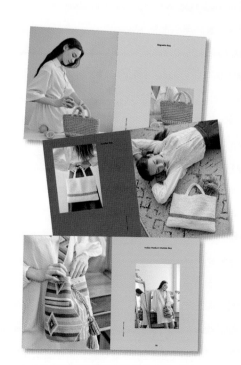

「뜨개꾼의 심심풀이 뜨개」

데코데코 멍멍 양과자점의 '뜨개 데코 강아지 케이크'가 있는 풍경

양과자점의 단골 메뉴
치즈케이크에 초콜릿케이크에
슈크림에 푸딩 등등
원형·삼각형·정사각형과 직사각형이
예쁘게 진열되어 있다

번외편은 뭐라 해도
너구리 케이크다
요즘에는 인기가 올라 가끔 볼 수 있다
동물 모양 버터크림 케이크의 선구적인 메뉴다

그리고 하나 더
별 모양 깍지로 짠 줄무늬는
깜찍한 애견의 털 그 자체
멍멍 강아지 모양 데코 크림케이크가 매력적
얼굴이 제각기 다른 것도
마음을 흔드는 포인트

마음이 흔들렸기에 떠 봤다.

뜨개꾼 203gow(니마루산고)
색다른 뜨개 작품 '이상한 뜨개'를 제작하고 있다. 온 거리를 뜨개 작품으로 메우는 게릴라 뜨개 집단 '뜨개 기습단'을 창설했다. 백화점 쇼윈도, 패션 잡지의 배경, 미술관과 갤러리 전시, 워크숍 등 다양하게 활동하고 있다.
https://203gow.weebly.com(이상한 뜨개 HP)

글·사진/203gow 참고 작품

Y자뜨기

※ 일본어 사이트

재료
실…퍼피 생파두스 보라색(505) 255g 7볼, 하늘색(506) 60g 2볼, 오렌지색(503) 25g 1볼
단추…지름 9mm×2개

도구
코바늘 5/0호

완성 크기
가슴둘레 118cm, 기장 57.5cm, 화장 52.5cm

게이지
줄무늬 무늬뜨기 A 1무늬=1.6cm, 8단=7cm
줄무늬 무늬뜨기 B 1무늬=1.6cm, 8.5단=10cm

POINT
●요크·몸판…요크는 공사슬로 기초코를 만들어

뜨기 시작해 줄무늬 무늬뜨기 A로 왕복뜨기합니다. 늘림코는 도안을 참고하세요. 이어서 줄무늬 무늬뜨기 B로 원형뜨기하는데, 늘림코의 위치와 앞판 트임 부분의 코 줍는 법에 주의하세요. 뒤판은 앞뒤 단차로 4단을 왕복뜨기합니다. 앞뒤 몸판은 요크의 코와 거싯의 공사슬로 만든 기초코에서 코를 주워 줄무늬 무늬뜨기 B, 줄무늬 테두리뜨기를 원형뜨기합니다. 소매는 요크의 코와 거싯, 앞뒤 단차에서 코를 주워 몸판과 같은 방법으로 뜹니다.
●마무리…목둘레·앞판 끝단은 도안을 참고해 코를 주워서 테두리뜨기로 뜹니다. 오른쪽 앞판 끝단에는 단춧고리를 만듭니다. 단추를 달아 마무리합니다.

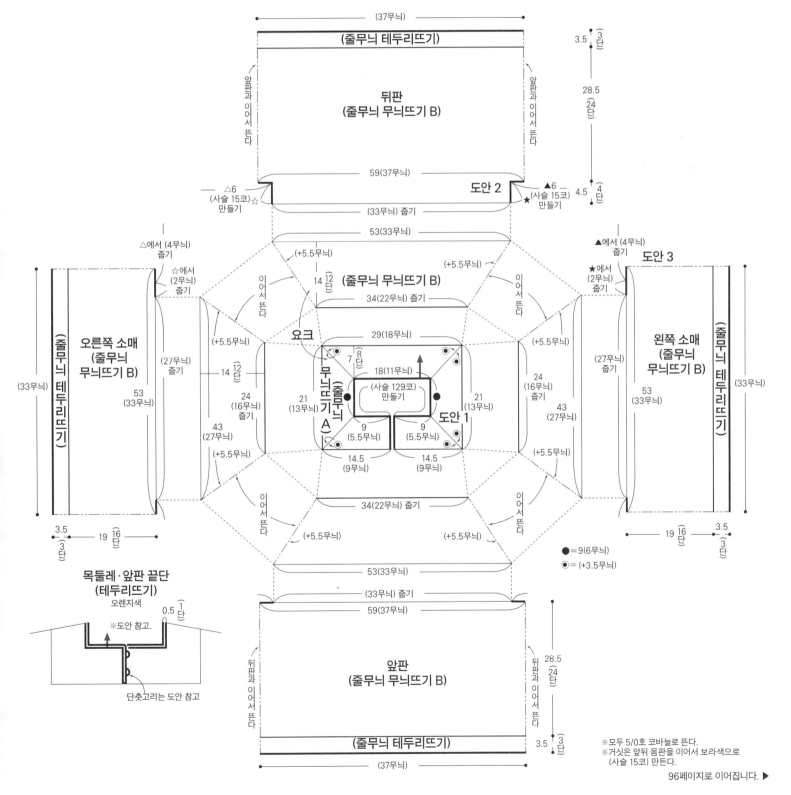

목둘레·앞판 끝단
(테두리뜨기)
오렌지색

※도안 참고.
단춧고리는 도안 참고

96페이지로 이어집니다. ▶

※모두 5/0호 코바늘로 뜬다.
※거싯은 앞뒤 몸판을 이어서 보라색으로 (사슬 15코) 만든다.

★ 개수는 작품을 선택하는 기준으로 참고해주세요. ★…초심자도 안심, ★★…자신이 조금 생겼다면, ★★★…끈기도 겸비한 중·상급자, ★★★★…솜씨에 자신 있음. 실은 실물 크기입니다.

▶ 95페이지에서 이어집니다.

줄무늬 무늬뜨기 B와 모서리 뜨는 법

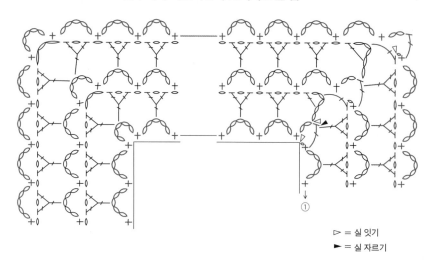

▷ = 실 잇기
► = 실 자르기

줄무늬 무늬뜨기 A

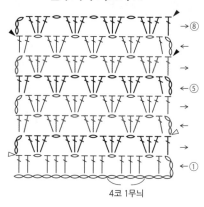

4코 1무늬

배색 {
— =보라색
— =오렌지색
— =하늘색
}

줄무늬 테두리뜨기

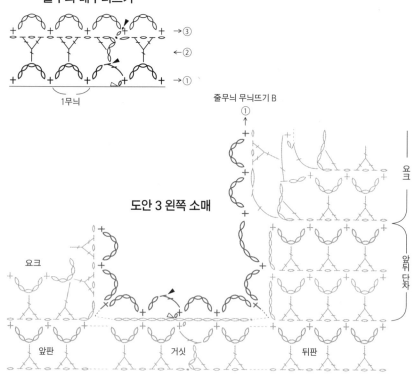

1무늬

도안 3 왼쪽 소매

줄무늬 무늬뜨기 B

요크

앞뒤 단차

앞판   거싯   뒤판

줄무늬 무늬뜨기 B

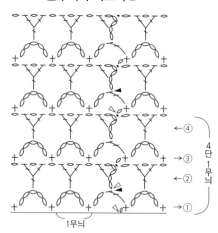

4단 1무늬

1무늬

※하늘색 실은 1단마다 실을 자른다. 보라색 실은 자르지 않고 하늘색 단을 뜰 때 감싸면서 뜨고 다음 단에 걸친다.

Y = Y자뜨기

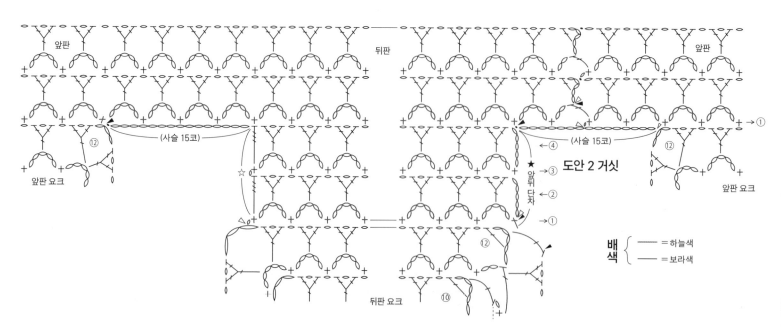

앞판   뒤판   앞판

(사슬 15코)

앞판 요크   앞뒤 단차   도안 2 거싯   앞판 요크

★

뒤판 요크

배색 {
— =하늘색
— =보라색
}

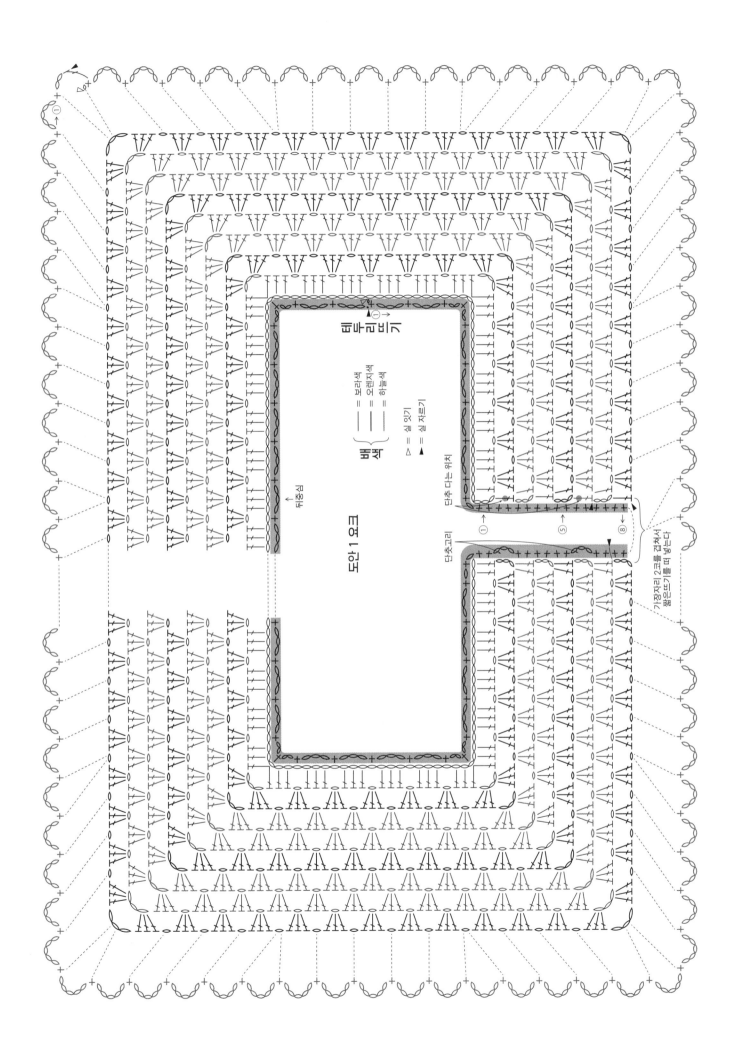

도안 1 요크

배색 {
$-$ = 보라색
$-$ = 오렌지색
$-$ = 하늘색
}

△ = 실 잇기
▲ = 실 자르기

단추 다는 위치

단추고리

① →
⑤ →
⑧

가장자리 2코를 겹쳐서
짧은뜨기를 떠 붙인다

뒤중심

재료
퍼피 퍼피 리넨 100 베이지색(902) 185g 5볼
도구
코바늘 5/0호
완성 크기
가슴둘레 114cm, 기장 51cm, 화장 29.5cm
게이지
무늬뜨기 1무늬=6.3cm, 9.5단=10cm

POINT
●몸판…사슬뜨기 기초코로 뜨기 시작해 무늬뜨기로 뜹니다. 밑단은 테두리뜨기로 뜹니다.
●마무리…어깨는 사슬뜨기와 빼뜨기로 잇기를 하는데, 이어서 도안을 참고해 목둘레 트임을 정돈합니다. 목둘레는 테두리뜨기로 뜹니다. 옆선·소맷부리는 앞뒤 몸판을 이어서 테두리뜨기로 뜨고, 지정 위치를 휘감아 잇기로 연결합니다.

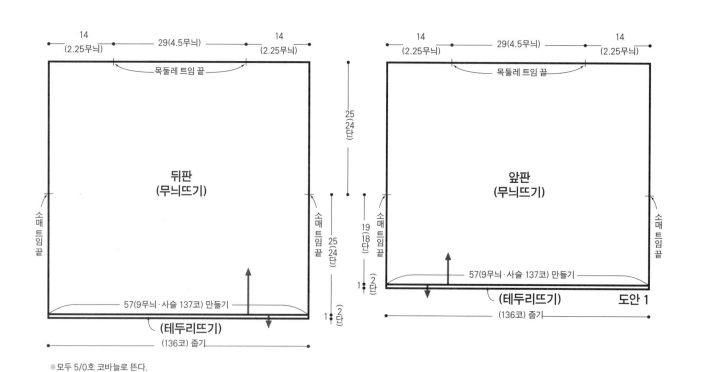

※모두 5/0호 코바늘로 뜬다.

무늬뜨기

► = 실 자르기

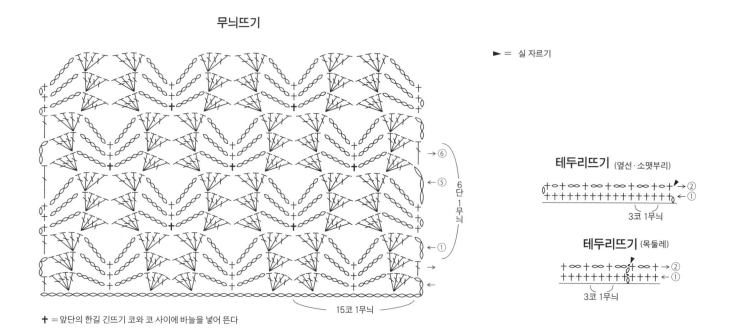

+ =앞단의 한길 긴뜨기 코와 코 사이에 바늘을 넣어 뜬다

테두리뜨기 (옆선·소맷부리)

3코 1무늬

테두리뜨기 (목둘레)

3코 1무늬

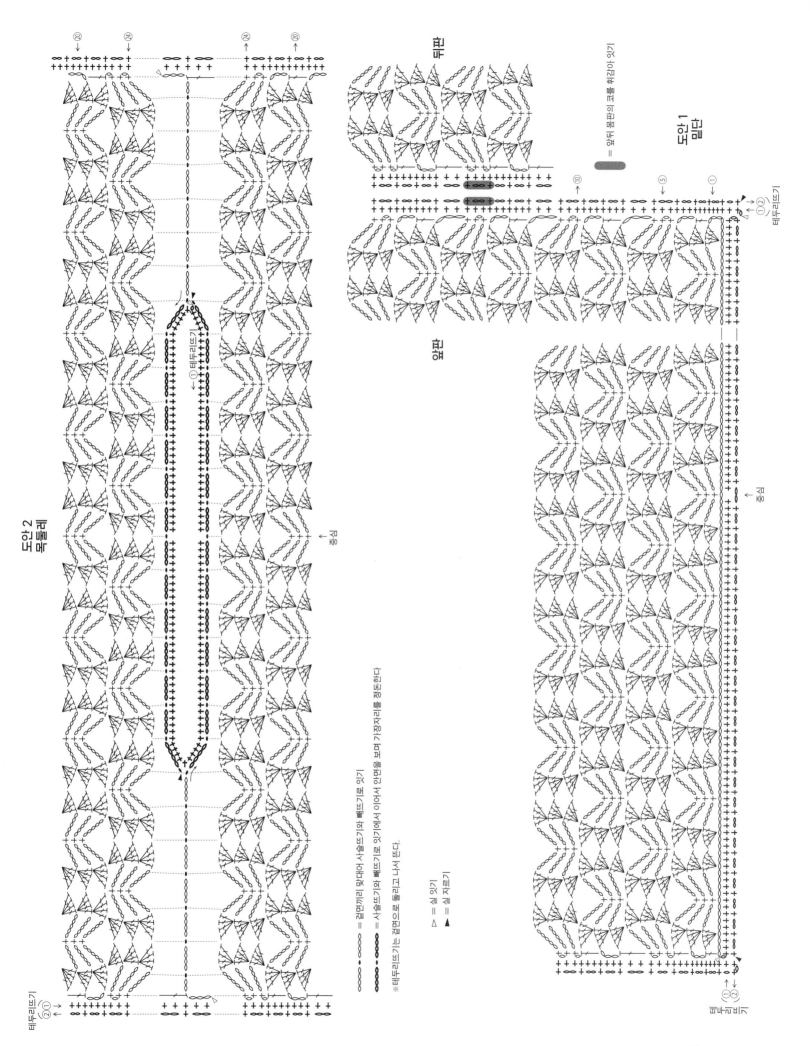

도안 2
목둘레

도안 1
밑단

뒤판

앞판

= 앞뒤 몸판의 코를 취감이 있기

테두리뜨기

① 테두리뜨기

= 겉면끼리 맞대어 사슬뜨기와 빼뜨기로 잇기

= 사슬뜨기와 빼뜨기로 잇기에서 잇기에서 이어서 안면을 보며 가장자리를 정돈한다

△ = 실 잇기

▲ = 실 자르기

※테두리뜨기는 겉면으로 둘리고 나서 뜬다.

100페이지로 이어집니다. ▶

한길 긴 X자뜨기
(실 2회 감고 시작)

※ 일본어 사이트

재료
실…다이아몬드케이토 다이아 시실리 겨자색
(4104) 125g 5볼, 회색(4102) 110g 4볼, 에크뤼
(4101) 95g 4볼
단추…지름 15mm×2개
도구
코바늘 4/0호
완성 크기
가슴둘레 115cm, 기장 51.5cm, 화장 52.5cm
게이지(10×10cm)
줄무늬 무늬뜨기 29코×9.5단

POINT
●몸판·소매…몸판은 사슬뜨기 기초코로 뜨기 시
작해 줄무늬 무늬뜨기로 뜹니다. 실은 자르지 않고
가장자리 코에 얽히면서 진행합니다. 줄임코는 도
안을 참고하세요. 어깨는 사슬뜨기와 짧은뜨기로
잇기를 합니다. 소매는 몸판에서 코를 주워 줄무늬
무늬뜨기로 뜹니다. 줄임코는 도안을 참고하세요.
●마무리…옆선·소매 밑선은 사슬뜨기와 빼뜨기로
꿰매기를 합니다. 밑단·앞단·목둘레는 줄무늬 테두
리뜨기로 뜹니다. 오른쪽 앞단에는 단춧구멍을 냅
니다. 소맷부리는 줄무늬 테두리뜨기를 원형뜨기
합니다. 단추를 달아 마무리합니다.

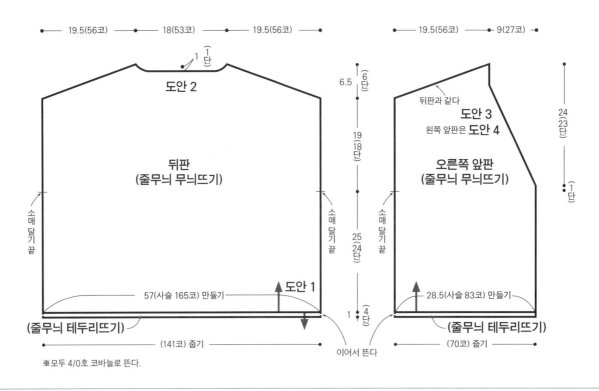

※모두 4/0호 코바늘로 뜬다.

▶ 99페이지에서 이어집니다.

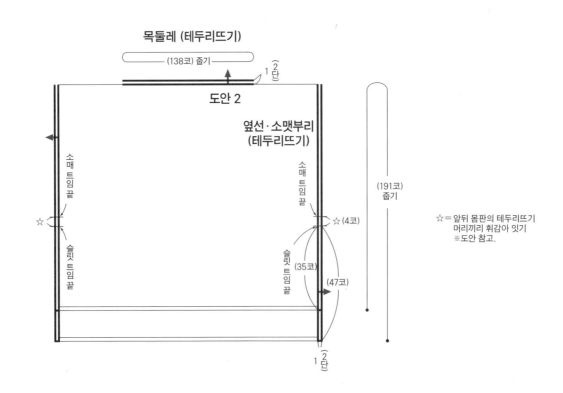

줄무늬 무늬뜨기

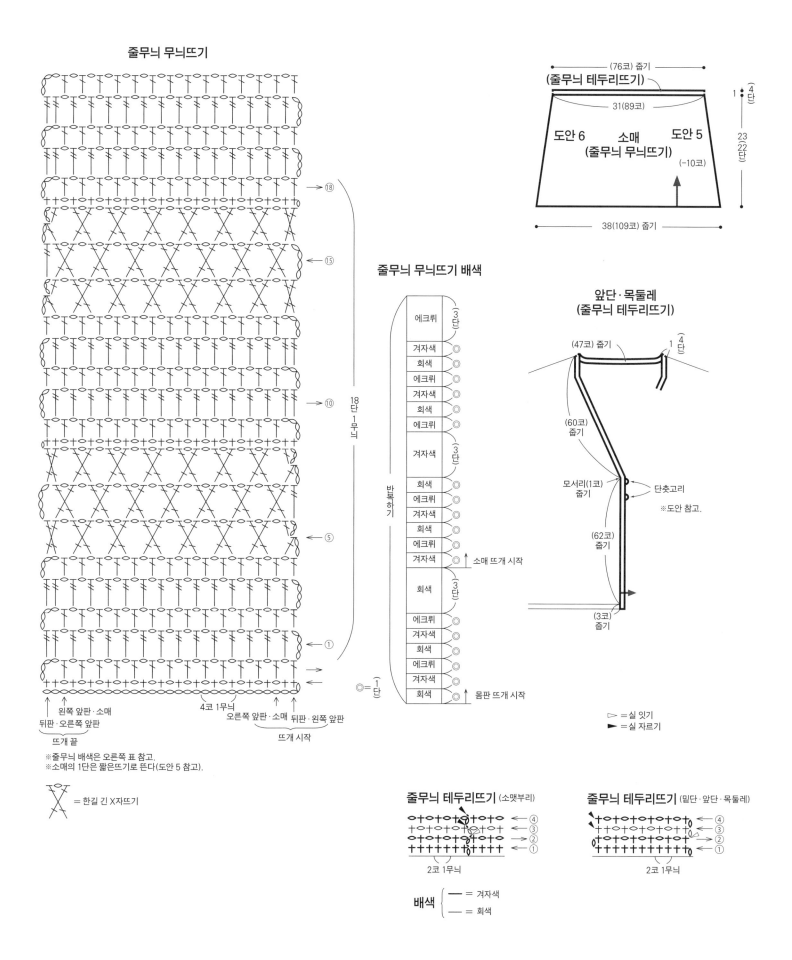

줄무늬 테두리뜨기

(76코) 줍기
(줄무늬 테두리뜨기)
(31(89코))
1 4 단

도안 6　소매　도안 5
(줄무늬 무늬뜨기)
(-10코)

23 22 단

38(109코) 줍기

18단 1무늬

→ ⑱
← ⑮
→ ⑩
← ⑤
→ ①
→
←

4코 1무늬

왼쪽 앞판·소매
뒤판·오른쪽 앞판
뜨개 끝

오른쪽 앞판·소매　뒤판·왼쪽 앞판
뜨개 시작

줄무늬 무늬뜨기 배색

반복하기

에크뤼	③단
겨자색	◎
회색	◎
에크뤼	◎
겨자색	◎
회색	◎
에크뤼	◎
겨자색	③단
회색	◎
에크뤼	◎
겨자색	◎
회색	◎
에크뤼	◎
겨자색	◎	소매 뜨개 시작
회색	③단
에크뤼	◎
겨자색	◎
회색	◎
에크뤼	◎
겨자색	◎
회색	◎	몸판 뜨개 시작

◎ = 1단

앞단·목둘레
(줄무늬 테두리뜨기)

(47코) 줍기
1 4 단

(60코) 줍기

모서리(1코) 줍기

단춧고리
※도안 참고.

(62코) 줍기

(3코) 줍기

▷ = 실 잇기
► = 실 자르기

※줄무늬 배색은 오른쪽 표 참고.
※소매의 1단은 짧은뜨기로 뜬다(도안 5 참고).

✕ = 한길 긴 X자뜨기

줄무늬 테두리뜨기 (소맷부리)

← ④
→ ③
← ②
→ ①

2코 1무늬

줄무늬 테두리뜨기 (밑단·앞단·목둘레)

← ④
→ ③
← ②
→ ①

2코 1무늬

배색 {
━ = 겨자색
─ = 회색

102페이지로 이어집니다. ▶

▶ 101페이지에서 이어집니다.

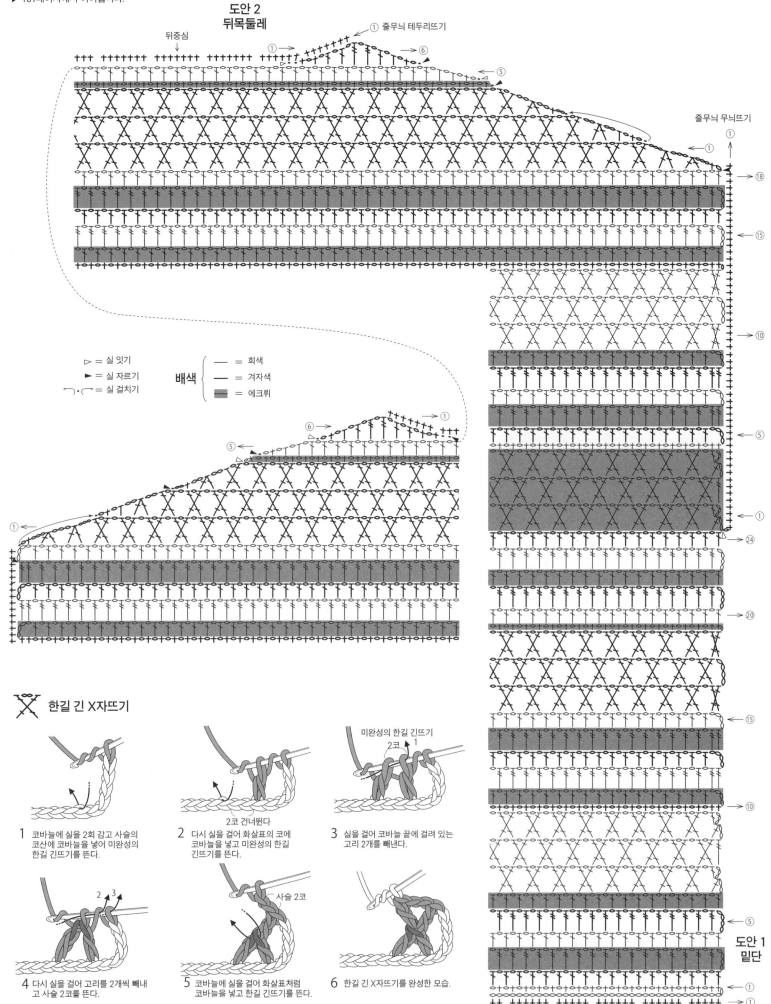

도안 2
뒤목둘레

뒤중심

① 줄무늬 테두리뜨기

① 줄무늬 무늬뜨기

▷ = 실 잇기
► = 실 자르기
⌒•⌒ = 실 걸치기

배색 {
— = 회색
— = 겨자색
▓ = 에크뤼
}

X 한길 긴 X자뜨기

1 코바늘에 실을 2회 감고 사슬의 코산에 코바늘을 넣어 미완성의 한길 긴뜨기를 뜬다.

2 다시 실을 걸어 화살표의 코에 코바늘을 넣고 미완성의 한길 긴뜨기를 뜬다.
2코 건너뛴다

3 실을 걸어 코바늘 끝에 걸려 있는 고리 2개를 빼낸다.
미완성의 한길 긴뜨기
2코

4 다시 실을 걸어 고리를 2개씩 빼내고 사슬 2코를 뜬다.

5 코바늘에 실을 걸어 화살표처럼 코바늘을 넣고 한길 긴뜨기를 뜬다.
사슬 2코

6 한길 긴 X자뜨기를 완성한 모습.

도안 1
밑단

줄무늬 테두리뜨기

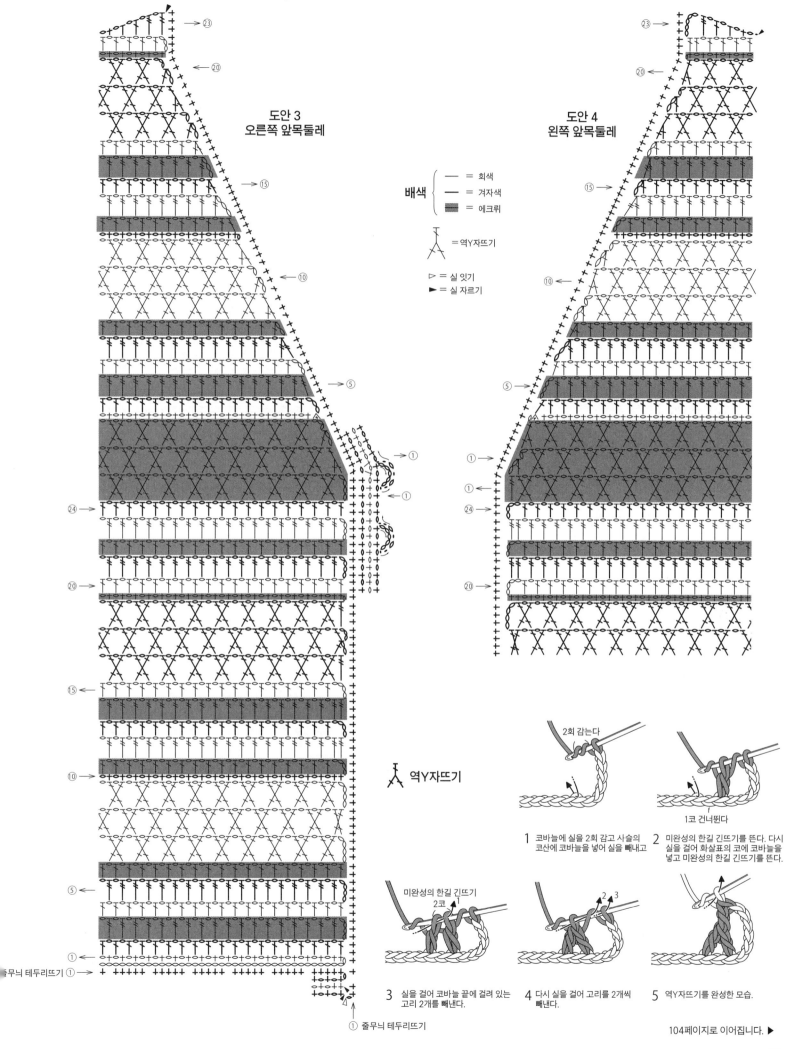

104페이지로 이어집니다. ▶

▶ 103페이지에서 이어집니다.

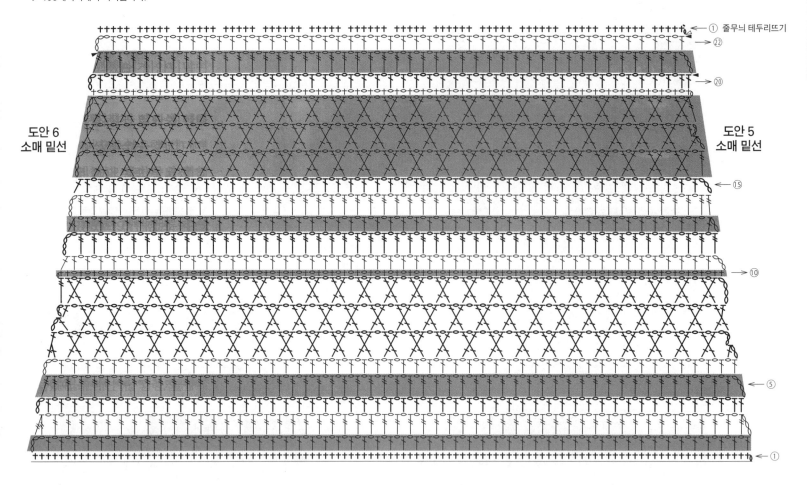

① 줄무늬 테두리뜨기
② 22
② 20
⑮
⑩
⑤
①

도안 6
소매 밑선

도안 5
소매 밑선

▶ = 실 자르기

배색 { ── = 겨자색
▤ = 에크뤼
── = 회색 }

무늬뜨기 A 뜨는 법

1 1단째는 긴뜨기를 뜬다. 2단째는 사슬 2코로 기둥코를 만든 다음 실을 걸어 화살표처럼 앞단 가장자리 코 2가닥에 코바늘을 넣고,

2 실을 빼내서 긴뜨기를 뜬다.

3 1코 완성한 모습. 같은 방법으로 가장자리까지 뜬다.

4 2단째를 완성한 모습. 앞단의 기둥코에서는 코를 줍지 않는다. 안면은 긴뜨기 머리의 실이 1가닥이 보이게 떠진다.

5 3단째는 기둥코인 사슬을 2코 뜨고 안면으로 뒤집은 다음 화살표처럼 실 1가닥에 코바늘을 넣고,

6 긴뜨기를 뜬다.

7 같은 방법으로 가장자리까지 뜨되, 기둥코에서는 코를 줍지 않는다. 겉면은 긴뜨기 머리의 실이 2가닥이 보이게 떠진다.

8 이 과정을 반복한다.

재료
스키 얀 스키 미나모 초록색 계열 믹스(1916) 250g
9볼
도구
코바늘 4/0호
완성 크기
가슴둘레 122cm, 기장 47.5cm, 화장 32cm
게이지(10×10cm)
무늬뜨기 B 22.5코×9.5단

POINT
●몸판…사슬뜨기 기초코로 뜨기 시작해 밑단을
무늬뜨기 A로 뜹니다. 이어서 앞뒤 몸판은 밑단에
서 코를 주워 무늬뜨기 B로 뜹니다. 줄임코는 도안
을 참고하세요.
●마무리…어깨는 사슬뜨기와 빼뜨기로 잇기, 옆
선은 사슬뜨기와 빼뜨기로 페매기를 합니다. 소맷
부리·목둘레는 지정된 콧수만큼 주워서 테두리뜨
기를 원형뜨기합니다.

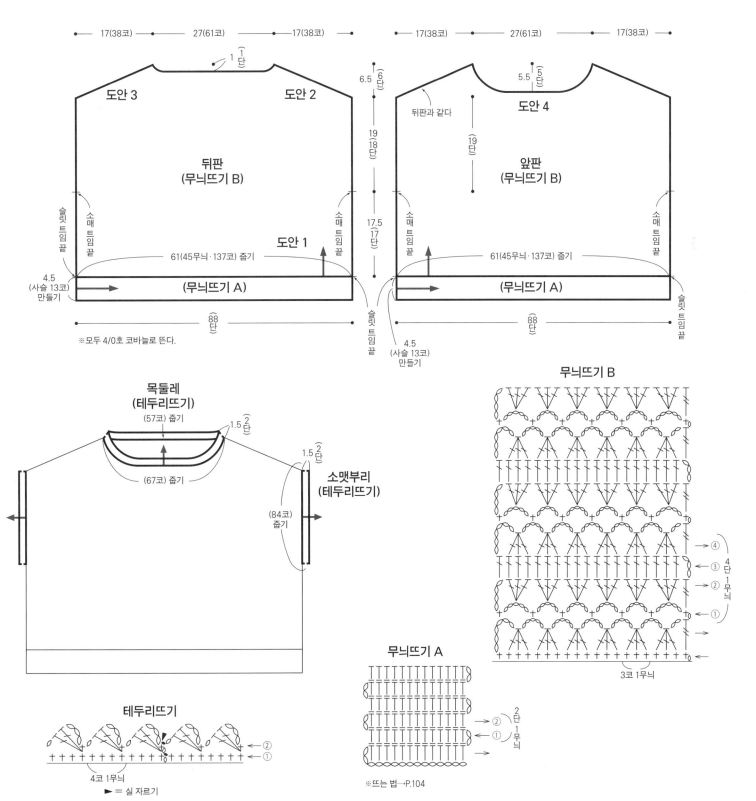

106페이지로 이어집니다. ▶

▶ 105페이지에서 이어집니다.

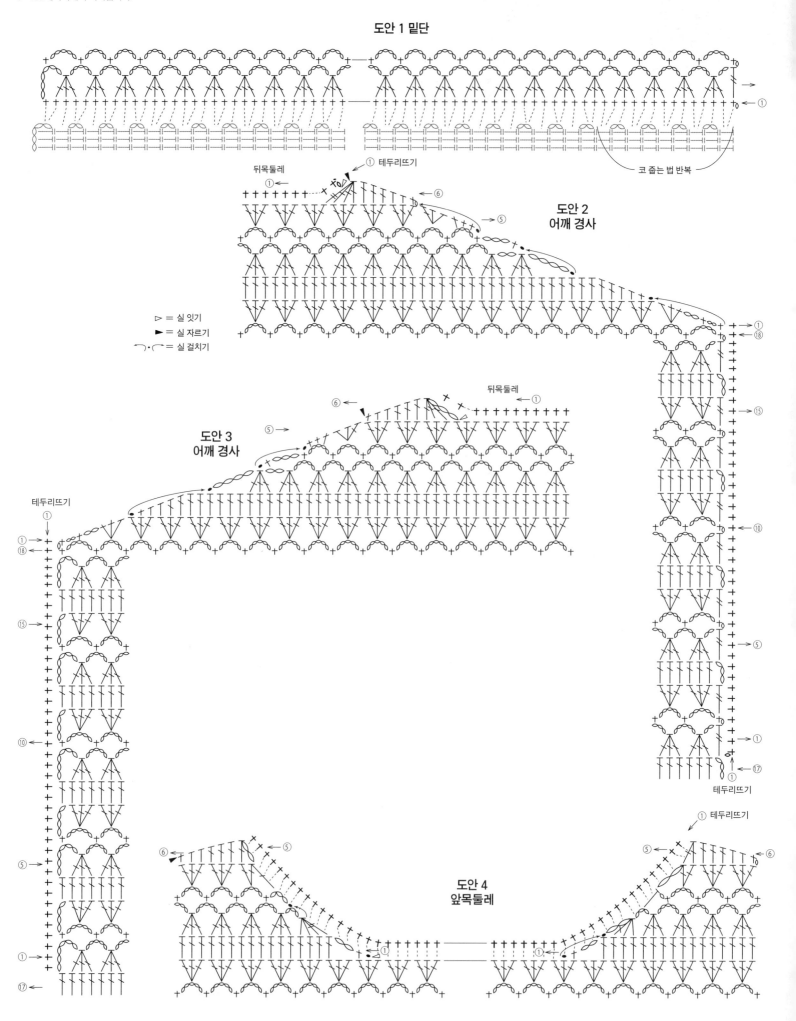

도안 1 밑단

테두리뜨기

코 줍는 법 반복

뒤목둘레

① 테두리뜨기

도안 2
어깨 경사

▷ = 실 잇기

► = 실 자르기

⌒·⌒ = 실 걸치기

뒤목둘레

도안 3
어깨 경사

테두리뜨기

테두리뜨기

① 테두리뜨기

도안 4
앞목둘레

에미 그란데

한길 긴 앞걸어뜨기

※일본어 사이트

한길 긴 뒤걸어뜨기

※일본어 사이트

재료
실…올림포스 에미 그란데 연갈색(814) 425g 9볼
단추…지름 25mm×2개

도구
코바늘 2/0호

완성 크기
가슴둘레 93cm, 어깨너비 40cm, 기장 59cm, 소매길이 30cm

게이지(10×10cm)
무늬뜨기 31코×15단

POINT
●몸판·소매…몸판은 사슬뜨기 기초코로 뜨기 시작해 앞뒤 몸판을 이어서 무늬뜨기로 뜹니다. 40단까지 뜨면 옆선은 분산 줄임코로 뜹니다. 거싯에

서 위쪽은 오른쪽 앞판·뒤판·왼쪽 앞판으로 나눠서 뜹니다. 줄임코는 도안을 참고하세요. 어깨는 빼뜨기로 잇기를 합니다. 소매는 몸판과 거싯에서 코를 주워 짧은뜨기, 무늬뜨기, 테두리뜨기를 왕복뜨기 합니다. 소매 밑선의 줄임코는 도안을 참고하세요.
●마무리…소매 밑선은 떠서 꿰매기로 연결합니다. 목둘레는 지정된 콧수만큼 주워서 짧은뜨기로 되돌아뜨기하면서 뜨고, 이어서 무늬뜨기로 뜹니다. 둘레에 테두리뜨기를 뜹니다. 밑단·앞단은 지정된 콧수만큼 주워서 테두리뜨기로 뜹니다. 앞단의 양쪽 가장자리와 목둘레 테두리뜨기의 가장자리는 도안을 참고해 휘감칩니다. 단춧구멍은 지정 위치에 짧은뜨기를 떠서 붙입니다. 단추를 달아 마무리합니다.

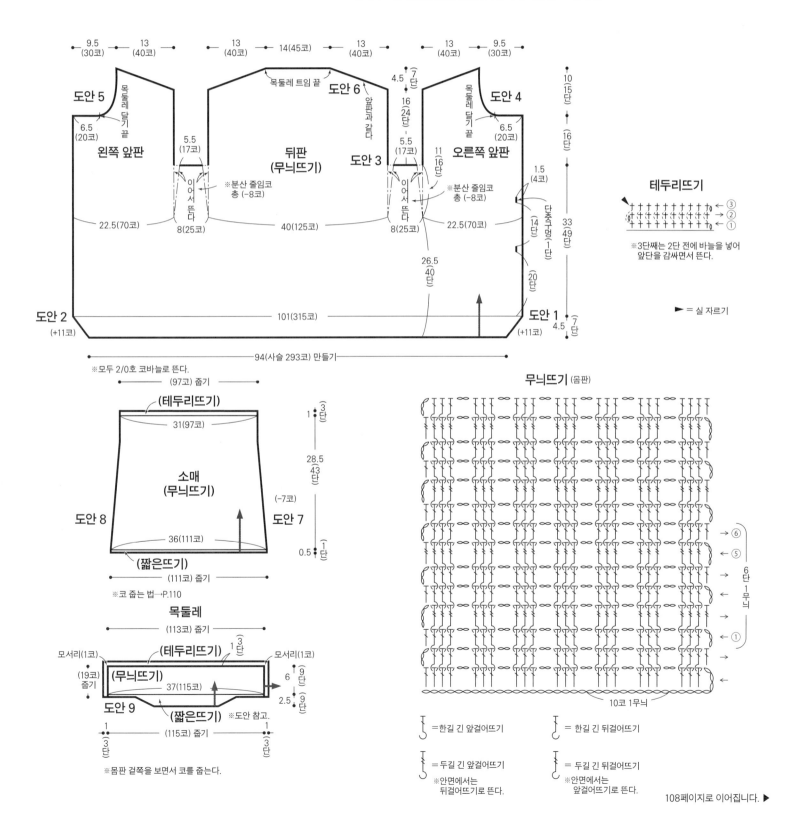

108페이지로 이어집니다. ▶

▶ 107페이지에서 이어집니다.

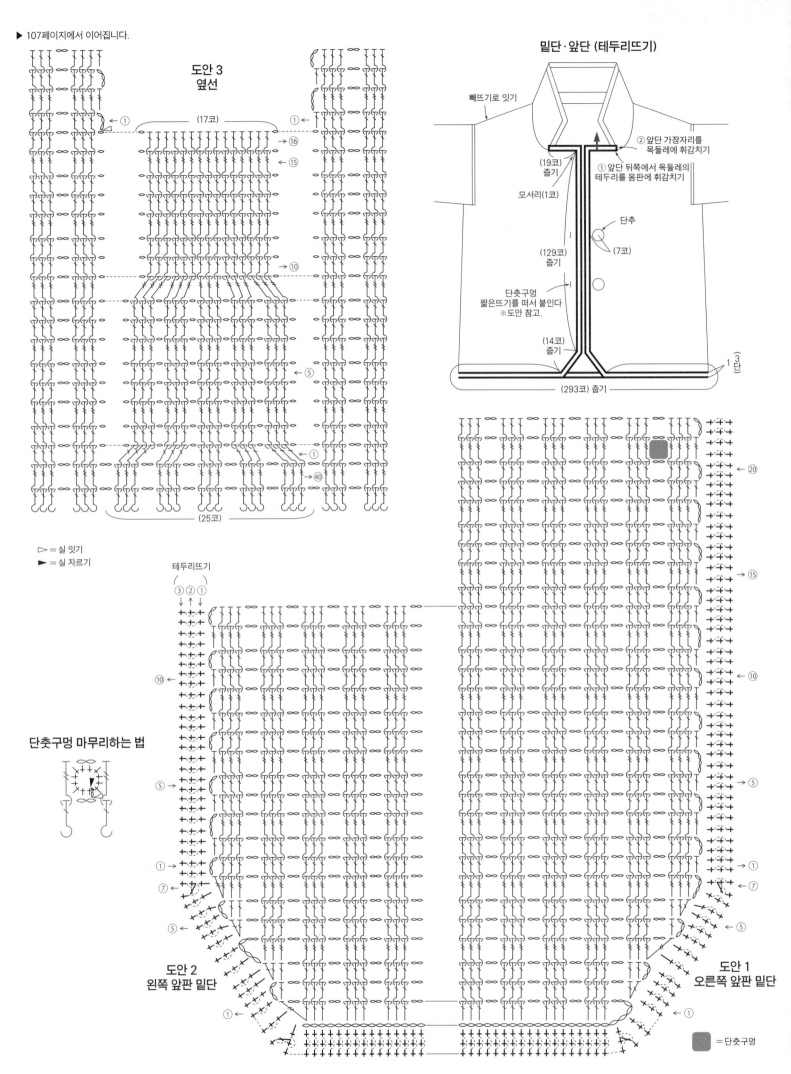

도안 3
옆선

(17코)

→ ⑯
→ ⑮

→ ⑩

← ⑤

← ①
→ ⑩

(25코)

▷ = 실 잇기
► = 실 자르기

밑단·앞단 (테두리뜨기)

빼뜨기로 잇기

② 앞단 가장자리를
목둘레에 휘감치기

① 앞단 뒤쪽에서 목둘레의
테두리를 몸판에 휘감치기

(19코)
줄기

모서리(1코)

단추

(129코)
줄기

(7코)

단춧구멍
짧은뜨기를 떠서 붙인다
※도안 참고.

(14코)
줄기

1 (3단)

(293코) 줄기

테두리뜨기
③ ② ①

단춧구멍 마무리하는 법

도안 2
왼쪽 앞판 밑단

도안 1
오른쪽 앞판 밑단

= 단춧구멍

108

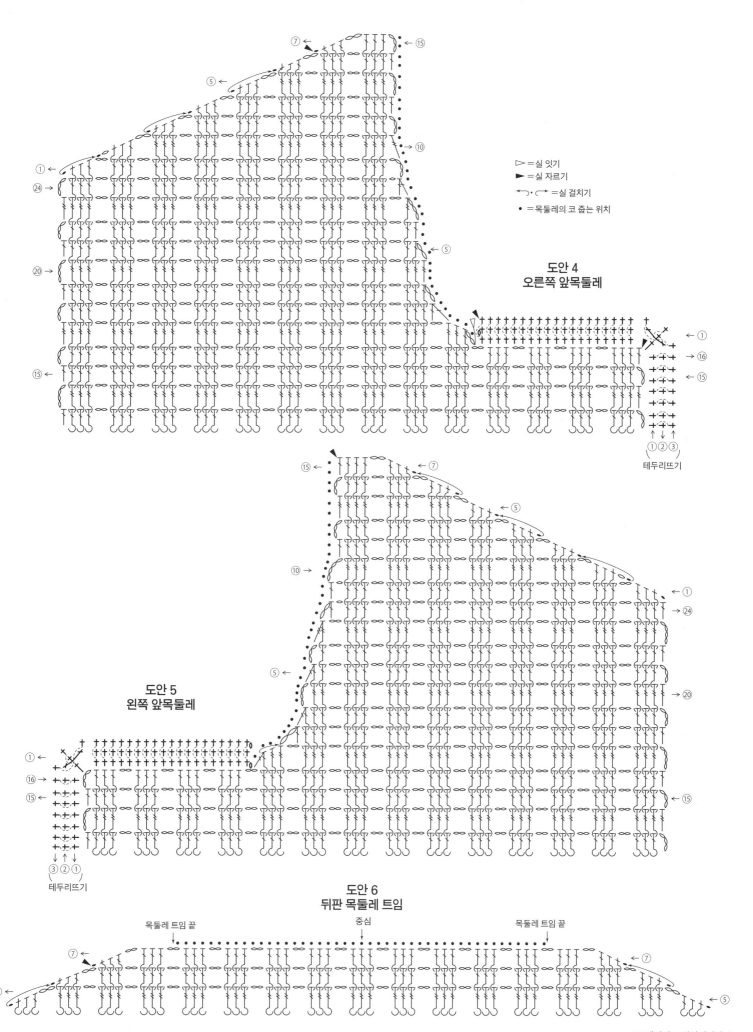

⊳=실 잇기
►=실 자르기
←·↪=실 걸치기
●=목둘레의 코 줍는 위치

도안 4
오른쪽 앞목둘레

테두리뜨기

도안 5
왼쪽 앞목둘레

테두리뜨기

도안 6
뒤판 목둘레 트임

목둘레 트임 끝   중심   목둘레 트임 끝

110페이지로 이어집니다. ▶

▶ 109페이지에서 이어집니다.

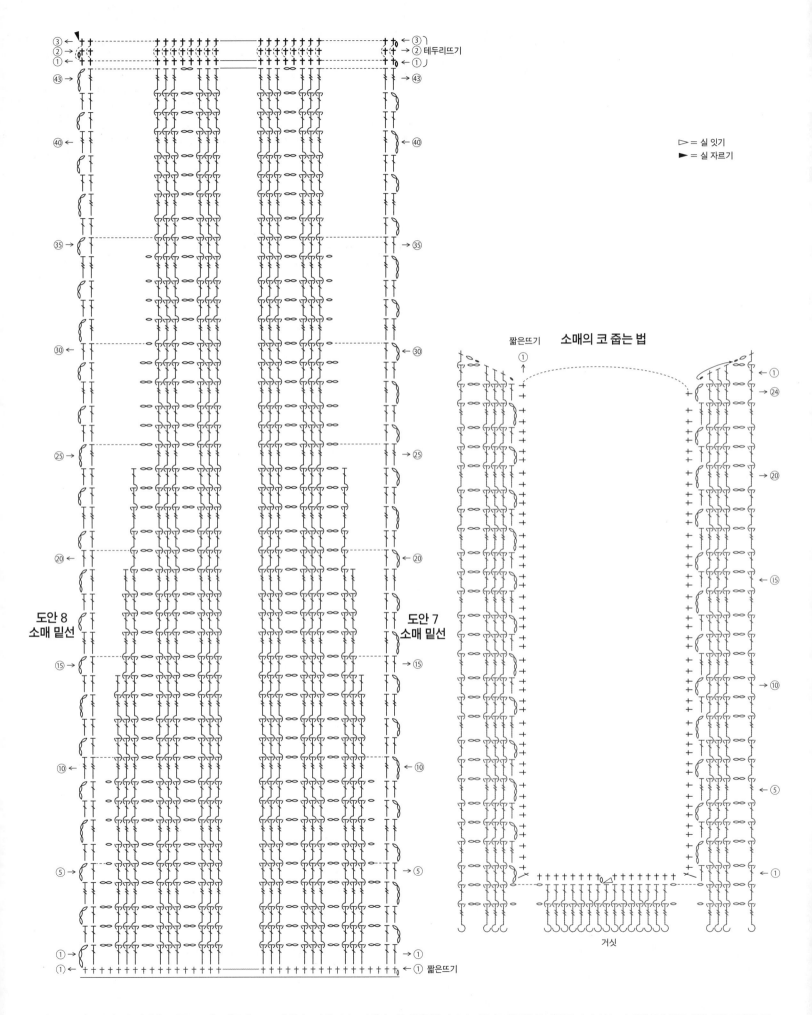

③ 테두리뜨기

▷ = 실 잇기
► = 실 자르기

도안 8
소매 밑선

도안 7
소매 밑선

짧은뜨기

소매의 코 줍는 법

거싯

① 짧은뜨기

★ 개수는 작품을 선택하는 기준으로 참고해주세요. ★…초심자도 안심, ★★…자신이 조금 생겼다면, ★★★…끈기도 겸비한 중·상급자, ★★★★…솜씨에 자신 있음. 실은 실물 크기입니다.

변형 한길 긴 1코와
3코의 교차뜨기
(오른코 위)

변형 한길 긴 1코와
3코의 교차뜨기
(왼코 위)

※ 일본어 사이트   ※ 일본어 사이트

재료
실…올림포스 에미 그란데 회색(484) 260g 6볼
단추…11mm×9mm 10개
도구
코바늘 2/0호
완성 크기
가슴둘레 98.5cm, 기장 49cm, 화장 29.5cm
게이지(10×10cm)
무늬뜨기 F 40코×14.5단
POINT
●몸판…밑단은 사슬뜨기 기초코로 뜨기 시작해

무늬뜨기 A로 뜹니다. 앞뒤 몸판 '아래'는 밑단에서
코를 주워서 무늬뜨기 B~F, A'~E', B"를 배치해
뜹니다. 28단까지 뜨면 앞뒤 몸판을 나눠서 뜹니
다. 증감코는 도안을 참고하세요.
●마무리…어깨는 휘감아 잇기를 합니다. 지정 위
치에서 코를 줍고, 밑단 가장자리는 테두리뜨기 A,
목둘레는 테두리뜨기 B, 앞단은 테두리뜨기 C로
뜨는데, 테두리뜨기 A, B, C의 마지막 단은 이어서
뜹니다. 오른쪽 앞단에는 단춧구멍을 냅니다. 소맷
부리는 테두리뜨기 D를 원형뜨기합니다. 단추를
달아 마무리합니다.

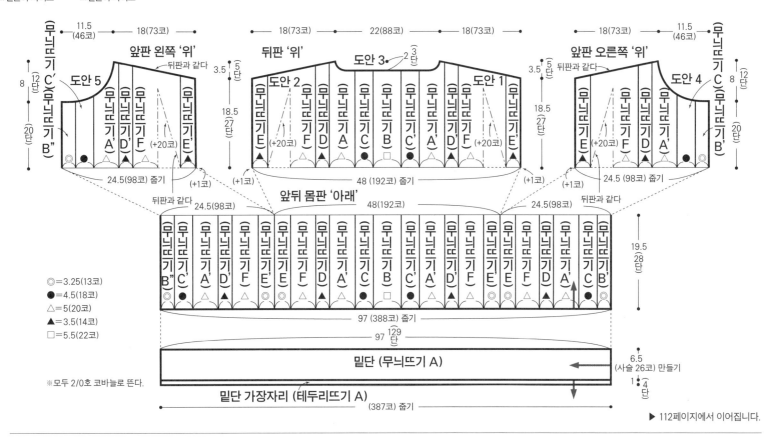

◎=3.25(13코)
●=4.5(18코)
△=5(20코)
▲=3.5(14코)
□=5.5(22코)

※모두 2/0호 코바늘로 뜬다.

▶ 112페이지에서 이어집니다.

도안 9 목둘레

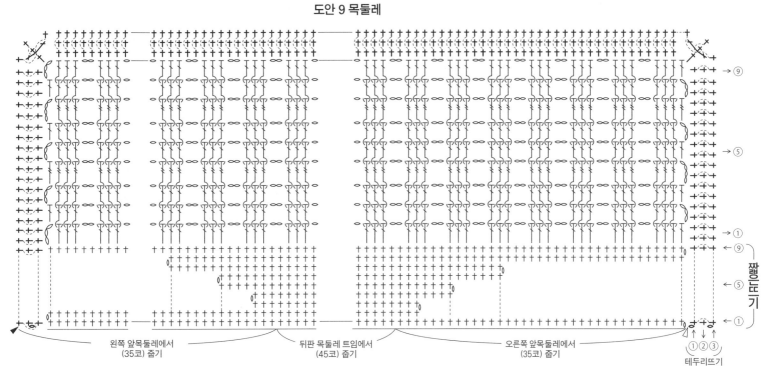

▶ 111페이지에서 이어집니다.

무늬뜨기 A

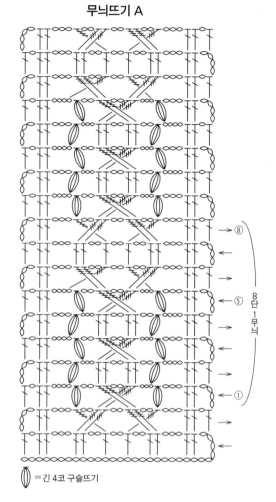

무늬뜨기 A'
20코 8단 1무늬

무늬뜨기 C
18코 4단 1무늬

무늬뜨기 B'
13코 4단 1무늬

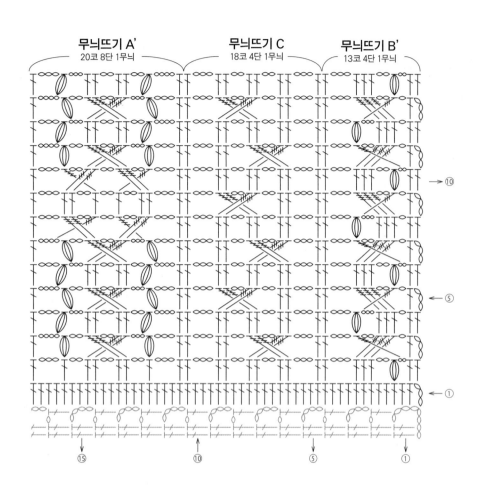

⬭ = 긴 4코 구슬뜨기

무늬뜨기 D'
14코 2단 1무늬

무늬뜨기 F

무늬뜨기 E'
13코 2단 1무늬

무늬뜨기 E
13코 2단 1무늬

무늬뜨기 F
4코 2단 1무늬

무늬뜨기 D
14코 2단 1무늬

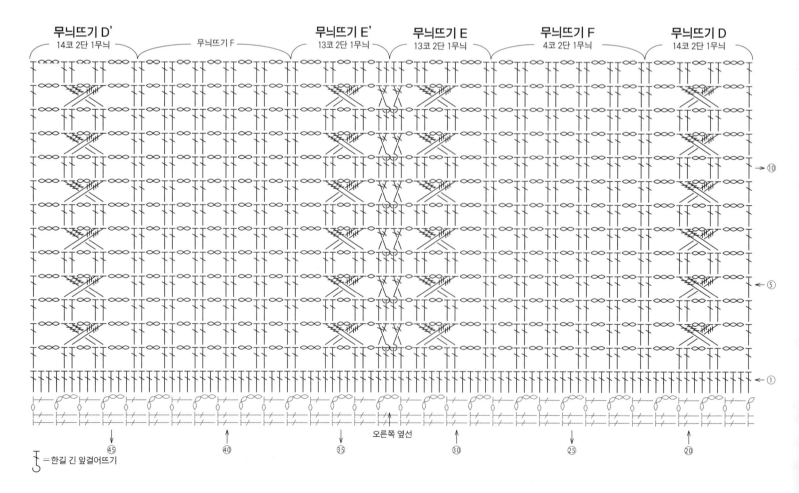

오른쪽 옆선

⌡ = 한길 긴 앞걸어뜨기

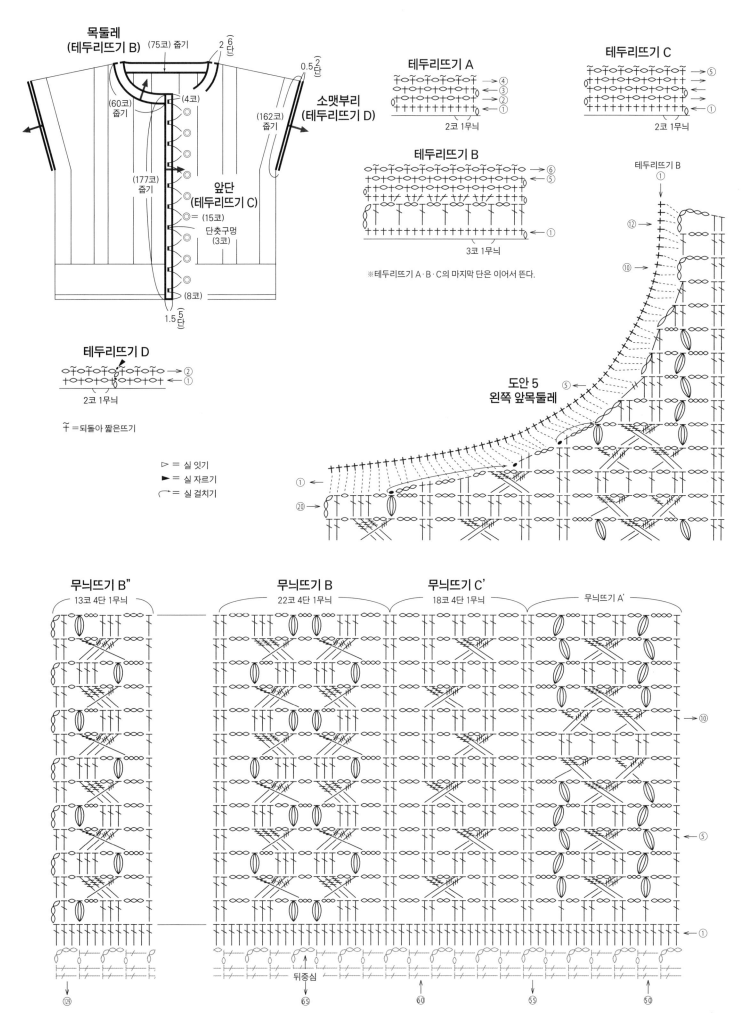

목둘레
(테두리뜨기 B)
(75코) 줍기
2 (6단)
2 (6단)
0.5 (2단)
(60코) 줍기
(162코) 줍기
소맷부리
(테두리뜨기 D)
(4코)
(177코) 줍기
앞단
(테두리뜨기 C)
◎= (15코)
단춧구멍
(3코)
(8코)
1.5 (5단)

테두리뜨기 A
④ ③ ② ①
2코 1무늬

테두리뜨기 C
⑤ ④ ③ ② ①
2코 1무늬

테두리뜨기 B
⑥ ⑤ ④ ③ ② ①
3코 1무늬

테두리뜨기 D
② ①
2코 1무늬

╤ =되돌아 짧은뜨기

▷ = 실 잇기
► = 실 자르기
⌒ = 실 걸치기

※테두리뜨기 A·B·C의 마지막 단은 이어서 뜬다.

테두리뜨기 B
① ⑩ ⑫

도안 5
왼쪽 앞목둘레
⑤ ① ⑳

무늬뜨기 B"
13코 4단 1무늬
⑫⑨

무늬뜨기 B
22코 4단 1무늬
뒤중심
⑥⑤

무늬뜨기 C'
18코 4단 1무늬
⑥⓪

무늬뜨기 A'
⑩ ⑤ ①
⑤⑤ ⑤⓪

114페이지로 이어집니다. ▶

▶ 113페이지에서 이어집니다.

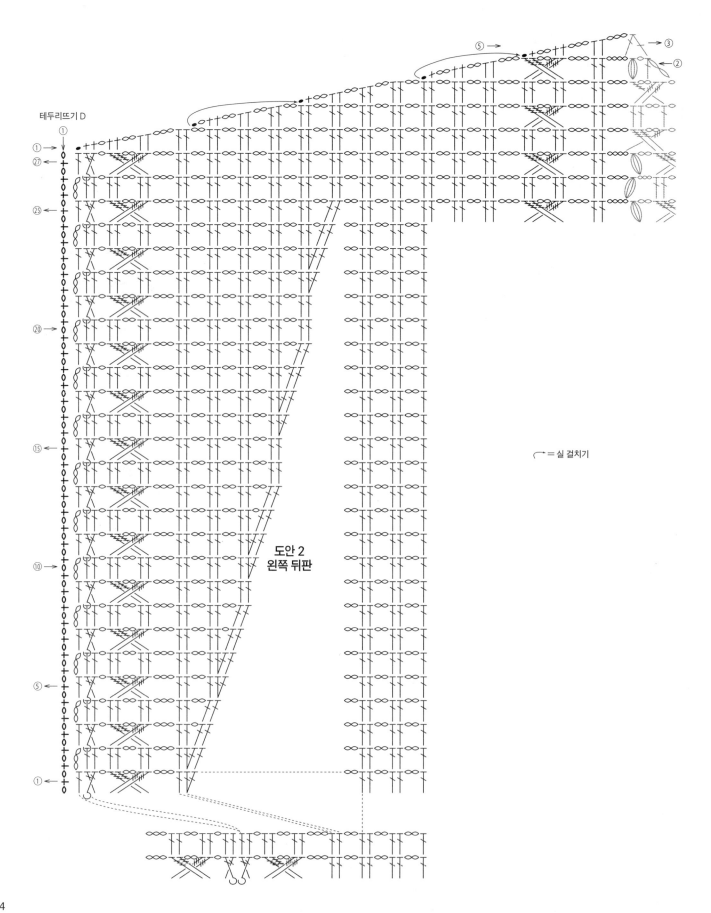

테두리뜨기 D

도안 2
왼쪽 뒤판

⌒ = 실 걸치기

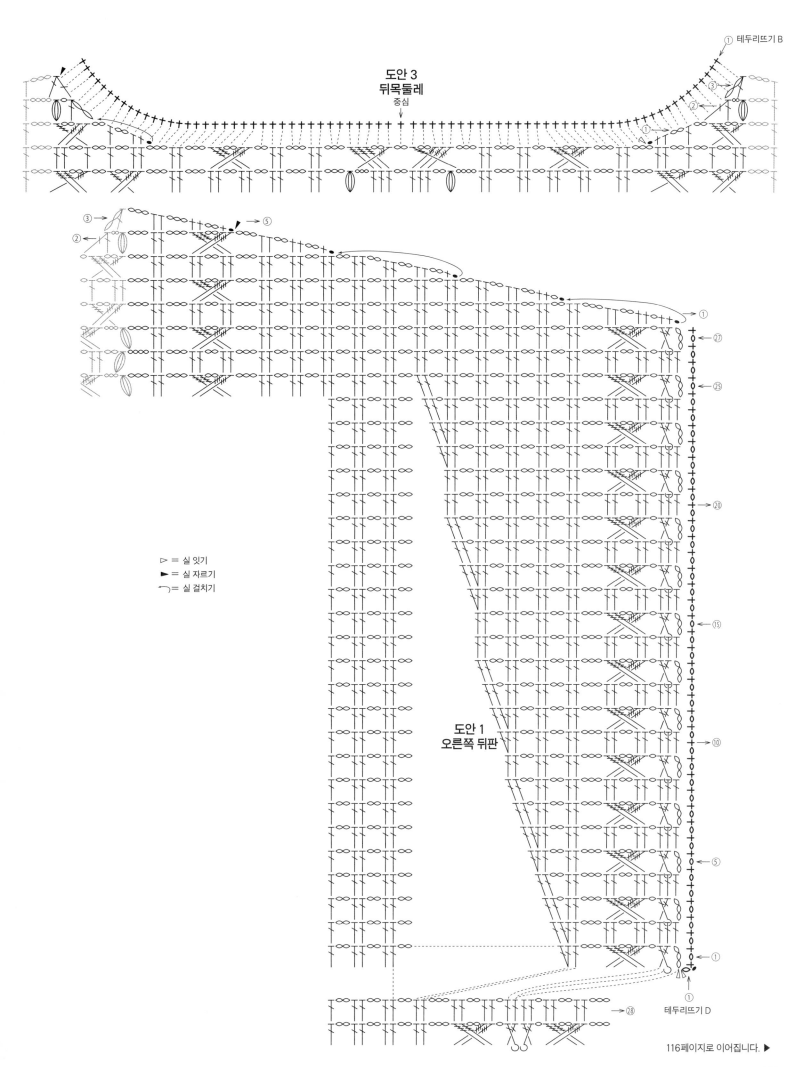

도안 3
뒤목둘레
중심

① 테두리뜨기 B

③
②
①

③ → ⑤
② ←

▷ = 실 잇기
► = 실 자르기
⌐ = 실 걸치기

① 테두리뜨기 B

① ← ㉗
← ㉕
← ⑳
← ⑮
→ ⑩
← ⑤
← ①

도안 1
오른쪽 뒤판

→ ㉘

테두리뜨기 D
①

116페이지로 이어집니다. ►

▶ 115페이지에서 이어집니다.

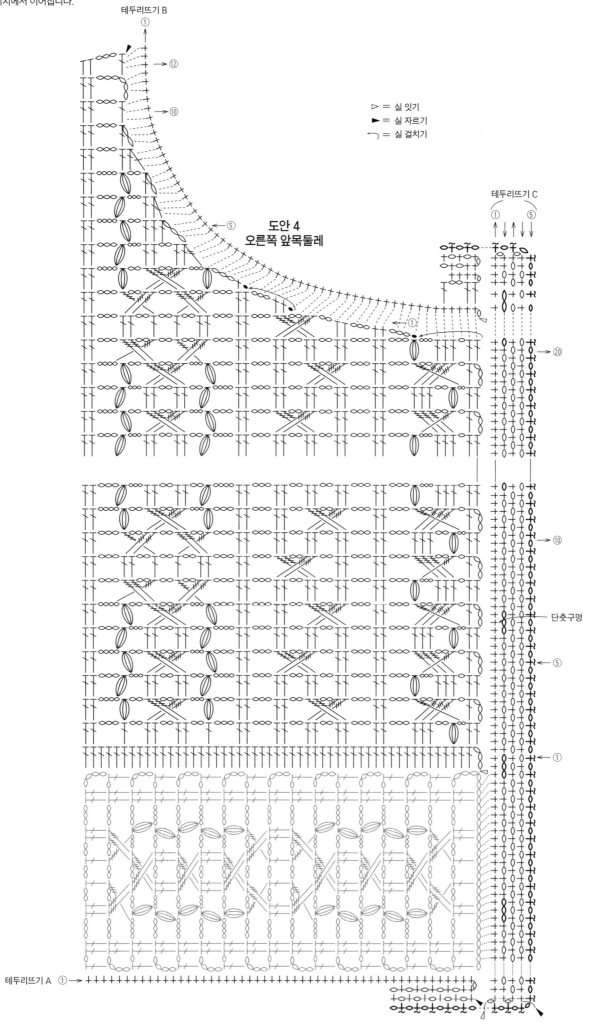

테두리뜨기 B

도안 4
오른쪽 앞목둘레

테두리뜨기 C

▷ = 실 잇기
► = 실 자르기
⌒ = 실 걸치기

단춧구멍

테두리뜨기 A ①

재료
실…나이토상사 에브리 데이 솔리드 회색(30)
295g 3볼, 초록색(54) 120g 2볼, 하늘색(102)
120g 2볼
단추…지름 20mm 3개
도구
코바늘 5/0호
완성 크기
가슴둘레 106cm, 기장 53cm, 화장 51.5cm
게이지(10×10cm)
모티브 1변 13cm, 무늬뜨기(10×10cm) 22.5코×10
단

POINT
●몸판, 소매…몸판은 모티브 잇기로 뜹니다. 2번
째 장부터는 마지막 단에서 옆 모티브와 연결하면
서 뜹니다. 모티브를 32장을 뜨면 지정된 위치에서
코를 주워서 후드의 무늬뜨기를 왕복뜨기합니다.
후드 줄임코는 도안을 참고하세요. 정수리 부분은
휘감아 잇기로 연결합니다. 후드 양 옆에 몸판에서
이어지는 모티브를 뜨면서 잇습니다. 소매는 지정
된 위치에서 코를 주워서 무늬뜨기와 짧은뜨기를
원형뜨기합니다.
●마무리…밑단·앞단·후드 가장자리는 지정된 무
늬 수를 주워서 테두리뜨기를 합니다. 오른쪽 앞판
가장자리에는 단춧고리를 만듭니다. 단추를 달아
서 완성합니다.

후드

← 13(1장) → ← 25(56코) → ← 13(1장) →

★	☆ (3단)	☆ (−7코)	★
A 36	도안 2	B 34	
B 35	(무늬뜨기)	26 (26단)	A 33

26 (2장)

28(63코) 줍기

□ ■

무늬뜨기 (후드)

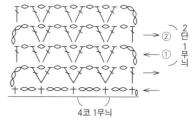

→② 2단 1무늬
←①
4코 1무늬

□ ● ● ○ ○ ■

A 32	B 31	A 30	B 29	A 28	B 27	A 26	B 25
B 24	A 23	B 22	A 21	B 20	A 19	B 18	A 17
왼쪽 앞판	소매달기끝	뒤판 (모티브 잇기)		도안 1		오른쪽 앞판	소매달기끝
A 16	B 15	A 14	B 13	A 12	B 11	A 10	B 9
B 8	A 7	B 6	A 5	B 4	A 3	B 2	13 A 1

13

52 (4장)

← 26(2장) → ← 52(4장) → ← 26(2장) →

※모두 5/0호 코바늘로 뜬다.
※모티브 안의 숫자는 연결하는 순서다.
※지정하지 않은 것은 회색으로 뜬다.
※☆끼리는 휘감아 잇기, 맞춤 표시는 뜨면서 잇기.

무늬뜨기 (소매)

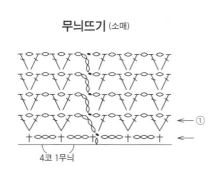

←①
4코 1무늬

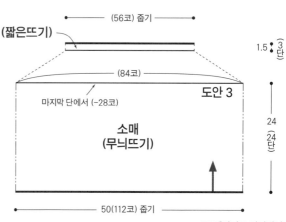

(56코) 줍기
(짧은뜨기)
1.5 (3단)
(84코)
마지막 단에서 (−28코)
도안 3
소매 (무늬뜨기)
24 (24단)
← 50(112코) 줍기 →

118페이지로 이어집니다. ▶

▶ 117페이지에서 이어집니다.

모티브   A 18장, B 18장

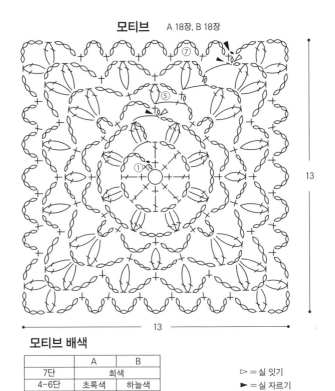

13

13

모티브 배색

	A	B
7단	회색	
4~6단	초록색	하늘색
1~3단	하늘색	초록색

▷ = 실 잇기
► = 실 자르기

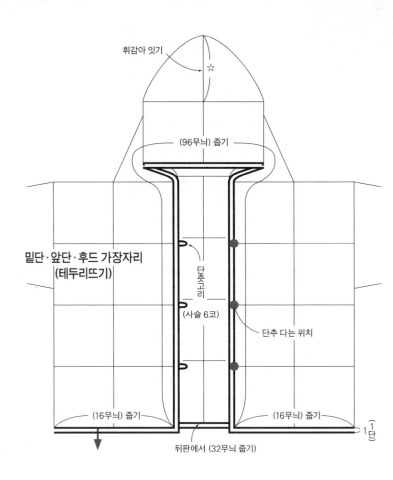

밑단·앞단·후드 가장자리
(테두리뜨기)

휘감아 잇기

☆

(96무늬) 줍기

단춧고리

(사슬 6코)

단추 다는 위치

(16무늬) 줍기

(16무늬) 줍기

1
(1단)

뒤판에서 (32무늬 줍기)

모티브 잇는 법

11

3

10

9

2

1

단춧고리

테두리뜨기

테두리뜨기 ①→

1무늬

도안 2 후드

중심

34

33

25와 잇기

27과 잇기

28

29

26 25 20 15 10 5 1

도안 1 소매 트임

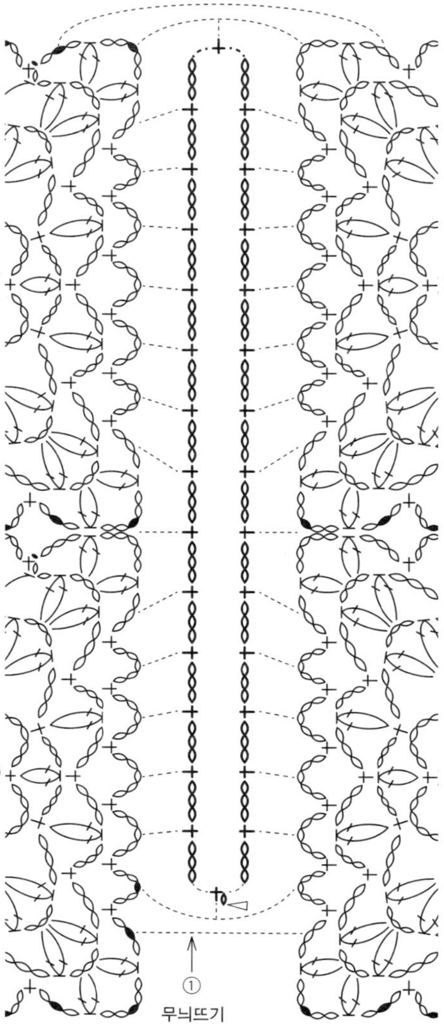

26

18

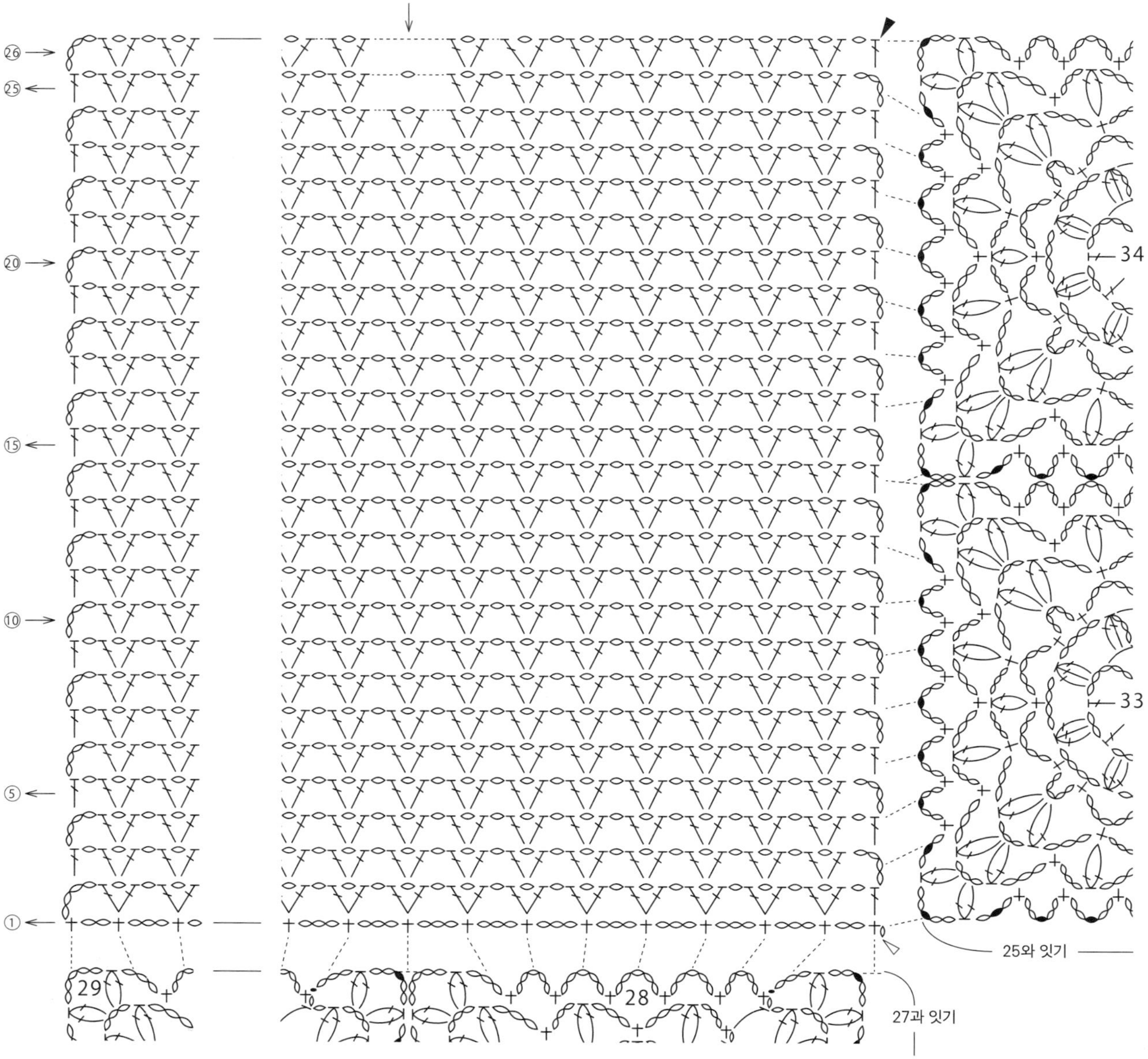

무니뜨기

27

19

①

①

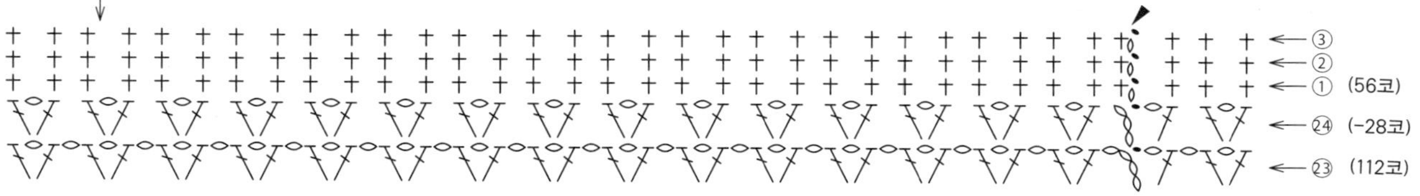

△ = 실 잇기
▲ = 실 자르기

짧은뜨기

무니뜨기

③
②
① [56코]
② (-28코) (84코)
② (112코)

도안 3 소맷부리

중심

재료
다이아몬드케이토 다이아 풀리아 노란색 계열 믹스(4204) 260g 9볼

도구
코바늘 4/0호

완성 크기
가슴둘레 130cm, 기장 41.5cm, 화장 33.5cm

게이지
무늬뜨기 A(10×10cm) 34.5코×7단
무늬뜨기 B 1무늬=3.4cm, 13단=10cm

POINT
●몸판…사슬뜨기 기초코로 뜨기 시작해 무늬뜨기 A, B로 뜨는데, 옆선까지 뜨면 기초코 사슬에서 코를 주워 반대쪽을 무늬뜨기 B로 뜹니다.
●마무리…어깨는 사슬뜨기와 짧은뜨기로 꿰매기, 옆선은 사슬뜨기와 짧은뜨기로 잇기를 합니다. 밑단·목둘레는 짧은뜨기, 소맷부리는 테두리뜨기를 원형뜨기합니다.

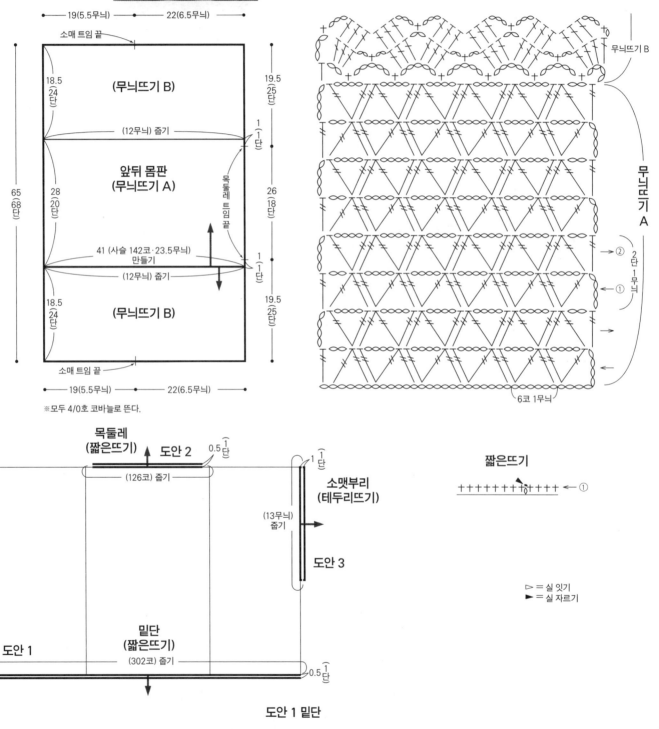

무늬뜨기 B

─19(5.5무늬)─ ─22(6.5무늬)─

소매 트임 끝

18.5 / 24단 **(무늬뜨기 B)** 19.5 / 25단

(12무늬) 줍기 1 (1단)

앞뒤 몸판
(무늬뜨기 A) 26 / 18단

28 / 20단 목둘레 트임 끝

65 / 68단

41 (사슬 142코·23.5무늬) 만들기

(12무늬) 줍기 1 (1단)

18.5 / 24단 **(무늬뜨기 B)** 19.5 / 25단

소매 트임 끝

─19(5.5무늬)─ ─22(6.5무늬)─

※모두 4/0호 코바늘로 뜬다.

무늬뜨기 A

② ① 2단 1무늬

6코 1무늬

목둘레
(짧은뜨기) → 도안 2 0.5 (1단)
(126코) 줍기 1 (1단)

소맷부리
(테두리뜨기)

(13무늬) 줍기

도안 3

도안 1

밑단
(짧은뜨기)
(302코) 줍기 0.5 (1단)

짧은뜨기
++++++++ +++ ← ①

▷ = 실 잇기
► = 실 자르기

도안 1 밑단

짧은뜨기 ①

도안 3
소맷부리

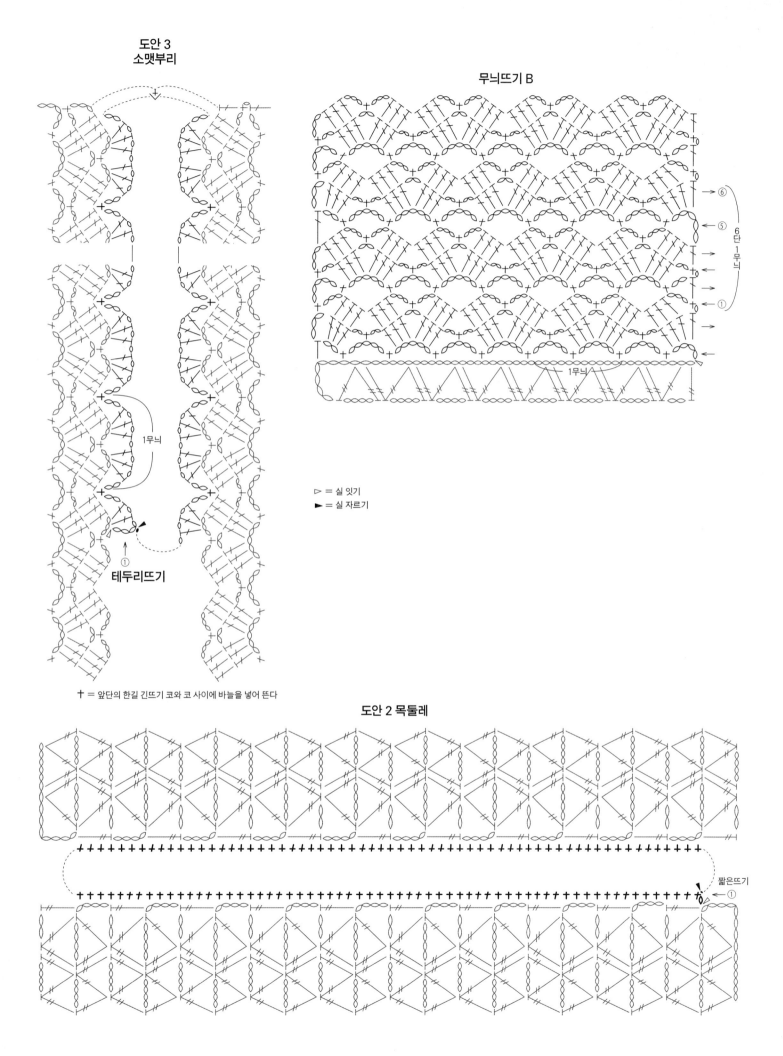

무늬뜨기 B

▷ = 실 잇기
► = 실 자르기

6단 1무늬

1무늬

테두리뜨기

✝ = 앞단의 한길 긴뜨기 코와 코 사이에 바늘을 넣어 뜬다

도안 2 목둘레

짧은뜨기

한길 긴 5코
팝콘뜨기

※ 일본어 사이트

재료
스키 얀 스키 미나모 크림색 계열 믹스(1912)
490g 17볼
도구
코바늘 4/0호
완성 크기
가슴둘레 94cm, 기장 66cm, 화장 56cm
게이지(10×10cm)
무늬뜨기 A·B 29코×13단
POINT
●몸판·소매…뒤판 '위'·앞판 '위'·소매는 사슬뜨기

기초코로 뜨기 시작해 무늬뜨기 A로 뜹니다. 목둘레의 줄임코는 도안을 참고하세요.
●마무리…어깨는 사슬뜨기와 빼뜨기로 잇기, 옆선·소매 밑선은 사슬뜨기와 빼뜨기로 꿰매기를 합니다. 기초코 사슬에서 지정된 콧수만큼 주워서 앞뒤 몸판 '아래'는 무늬뜨기 B, 소맷부리는 무늬뜨기 C로 각각 원형으로 왕복뜨기합니다. 프릴 장식을 무늬뜨기 D로 지정 위치에 떠서 붙입니다. 목둘레는 지정된 콧수만큼 주워서 테두리뜨기를 원형 뜨기합니다. 소매는 빼뜨기로 잇기로 몸판과 합칩니다.

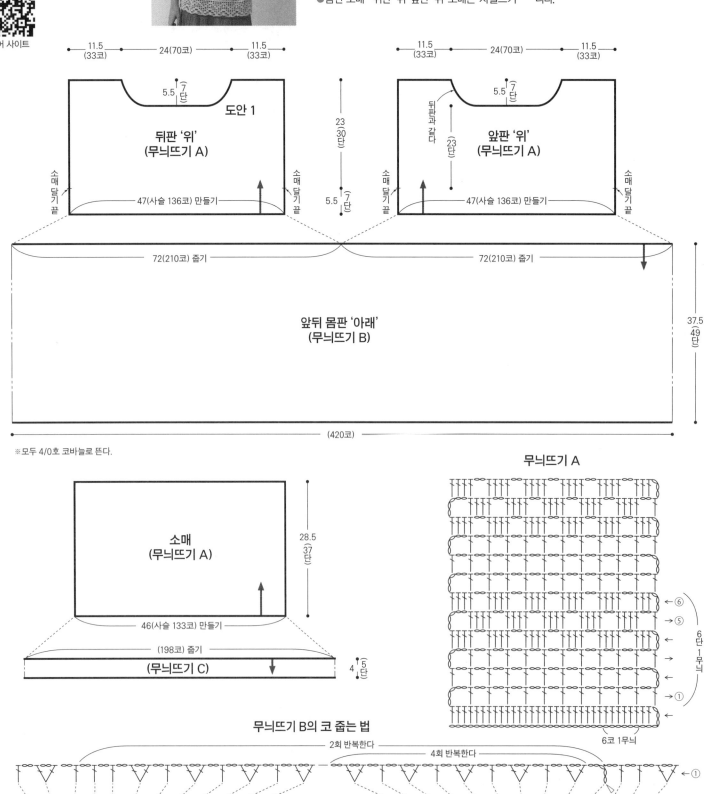

※모두 4/0호 코바늘로 뜬다.

무늬뜨기 B

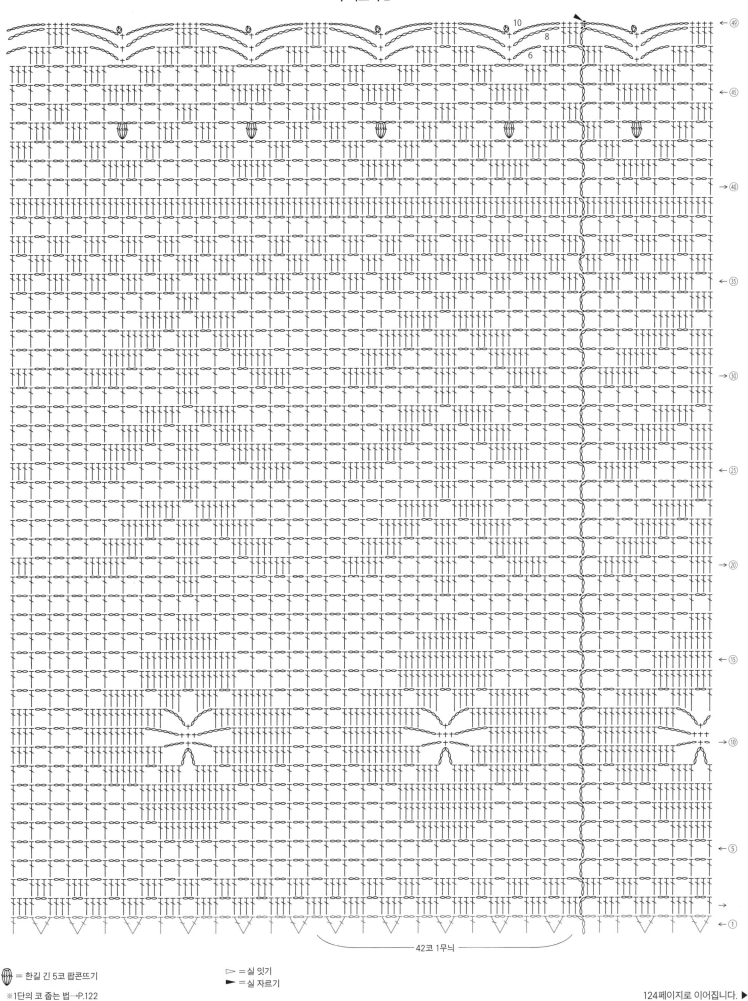

← ㊾
← ㊺
→ ㊵
← ㉟
→ ㉚
← ㉕
→ ⑳
← ⑮
→ ⑩
← ⑤
→ ①

10
8
6

├─── 42코 1무늬 ───┤

◍ = 한길 긴 5코 팝콘뜨기

▷ = 실 잇기
► = 실 자르기

※1단의 코 줍는 법→P.122

124페이지로 이어집니다. ▶

▶ 123페이지에서 이어집니다.

무늬뜨기 C

무늬뜨기 D

테두리뜨기

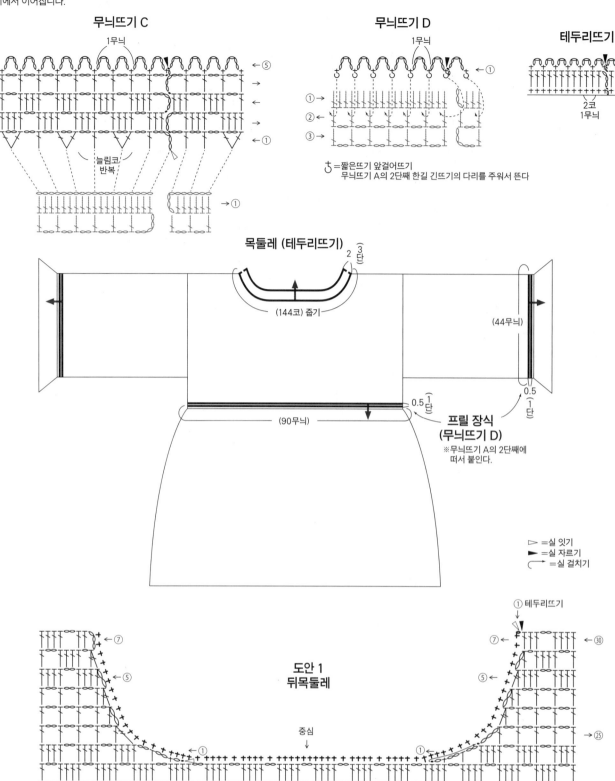

1무늬

←⑤
→
←
→
←①

늘림코
반복

1무늬

①→
②→
③→

←①

①
②
③

↻ =짧은뜨기 앞걸어뜨기
무늬뜨기 A의 2단째 한길 긴뜨기의 다리를 주워서 뜬다

1무늬

←③
←②
←①

2코
1무늬

목둘레 (테두리뜨기)

2 (3단)

(144코) 줍기

(44무늬)

(90무늬)

0.5 (1단)

0.5 (1단)

프릴 장식 (무늬뜨기 D)

※무늬뜨기 A의 2단째에 떠서 붙인다.

▷ =실 잇기
► =실 자르기
↷ =실 걸치기

도안 1
뒤목둘레

①테두리뜨기

←⑦

←⑤

←①

중심

←⑦

←⑤

①

①

←㉚

→㉕

→㉕

모티브와 맞이하는 봄
28 page ★★★

에브리 데이 솔리드

재료
나이토상사 에브리 데이 솔리드 에크뤼(2) 395g 4
볼, 연두색(104) 40g 1볼
도구
코바늘 6/0호
완성 크기
가슴둘레 110㎝, 어깨너비 44㎝, 기장 51㎝
게이지(10×10cm)
모티브 크기 참고

POINT
●모두 모티브 잇기로 뜹니다. 2번째 장부터 마지
막 단에서 옆 모티브와 연결하면서 뜨는데 모티브
E, F는 옆 모티브에서 코를 주워서 뜹니다.

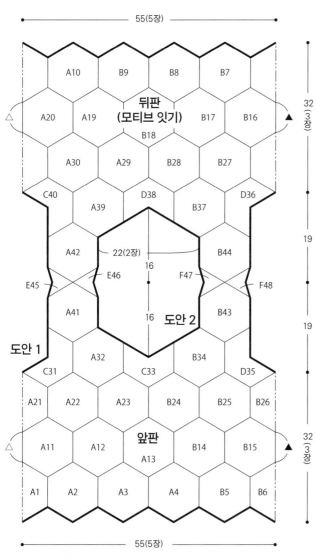

모티브 A　19장
에크뤼

모티브 B　19장

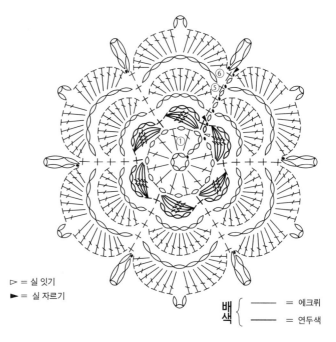

뒤판
(모티브 잇기)

도안 1

도안 2

앞판

55(5장)

32 (3장)

19

19

19

32 (3장)

55(5장)

A10	B9	B8	B7
A20 A19		B17	B16
	B18		
A30	A29	B28	B27
C40	D38		D36
	A39	B37	
A42	22(2장)		B44
	16		
E45 E46		F47	F48
A41	16		B43
	A32	B34	
C31	C33		D35
A21	A22	A23	B24	B25	B26
A11	A12		B14	B15
	A13		
A1	A2	A3	A4	B5	B6

※모두 6/0호 코바늘로 뜬다.
※모티브 안의 숫자는 연결하는 순서다.
※맞춤 기호는 떠서 연결한다.

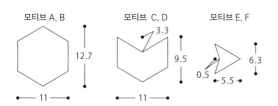

모티브 A, B　　12.7　　11

모티브 C, D　3.3　9.5　11

모티브 E, F　0.5　5.5　6.3

▷ = 실 잇기
► = 실 자르기

배색 { ── = 에크뤼
　　　── = 연두색 }

모티브 C　3장
에크뤼

모티브 D　3장

모티브 E　2장　에크뤼
모티브 F　2장　연두색

126페이지로 이어집니다. ▶

125

▶ 125페이지에서 이어집니다.

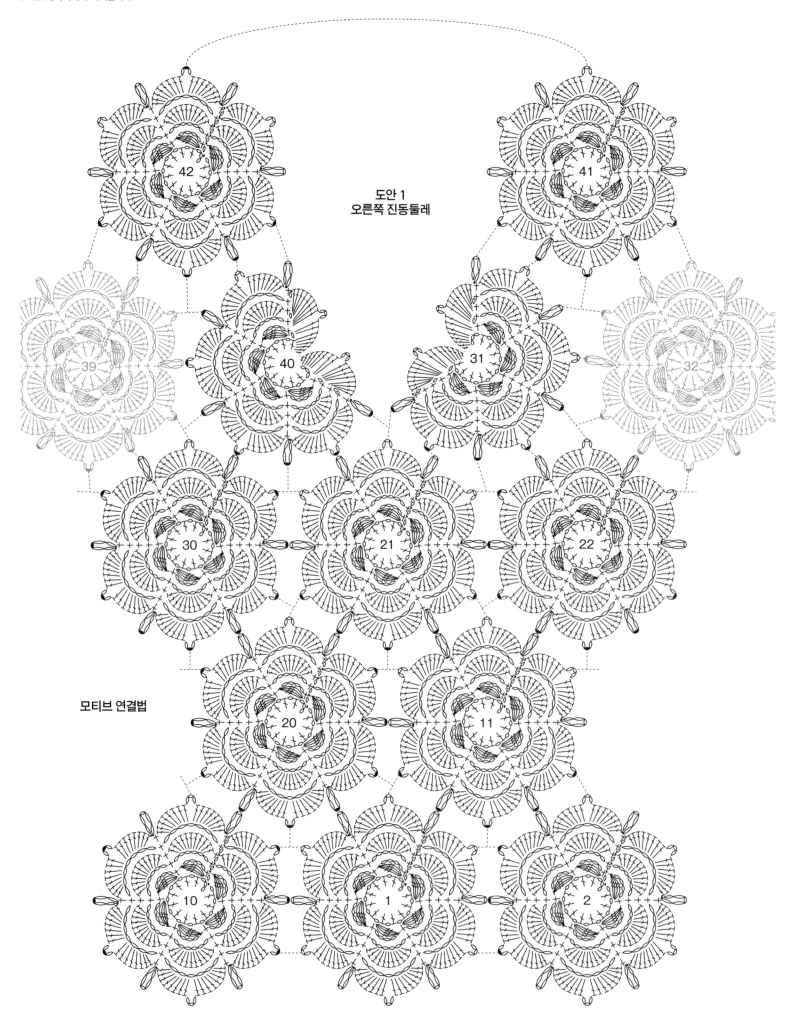

도안 1
오른쪽 진동둘레

모티브 연결법

★ 개수는 작품을 선택하는 기준으로 참고해주세요. ★…초심자도 안심, ★★…자신이 조금 생겼다면, ★★★…끈기도 겸비한 중·상급자, ★★★★…솜씨에 자신 있음. 실은 실물 크기입니다.

왼쪽 진동둘레

48

36

35

34

44

43

37

33

= 에크뤼
백
색
= 연두색

도안 2
목둘레

47

32

38

뒤판중심 →

31

39

46

42

41

45

왼쪽 진동둘레

오른쪽 진동둘레

127

실을 가로로 걸치는
배색무늬뜨기

※ 일본어 사이트

재료

사례도 리리리. 색이름, 색번호, 사용량은 표를 참고하세요.

도구

대바늘 5호, 코바늘 4/0호

완성 크기

S…가슴둘레 104cm, 기장 53.5cm, 화장 26.5cm
M…가슴둘레 108cm, 기장 55.5cm, 화장 27.5cm
L…가슴둘레 114cm, 기장 57.5cm, 화장 29cm
XL…가슴둘레 118cm, 기장 59cm, 화장 30.5cm

게이지(10×10cm)

메리야스뜨기 23.5코×34단

POINT

●몸판…손가락에 걸어서 만드는 기초코로 뜨개를 시작하고 배색무늬뜨기, 메리야스뜨기를 합니다. 배색무늬뜨기는 실을 가로로 걸치는 방법으로 합니다. 앞주머니 위치는 별도 실을 1단 넣어뜨기를 해둡니다. 진동둘레, 목둘레의 줄임코는 2째코와 3째코를 모아뜨기합니다. 주머니 위치에서 코를 주워서 주머니 안면을 메리야스뜨기합니다. 뜨개 끝은 덮어씌워 코막음을 합니다. 주머니 입구는 배색무늬뜨기를 하고 뜨개 끝은 안면에서 덮어씌워 코막음합니다.

●마무리… 어깨는 빼뜨기 잇기, 옆선은 떠서 꿰매기를 합니다. 목둘레, 소맷부리는 지정된 콧수만큼 주워서 배색무늬뜨기를 원형뜨기합니다. 뜨개 끝은 도안을 참고해서 줄임코를 하면서 덮어씌워 코막음을 하는데 너무 빡빡해지지 않도록 주의하세요. 지정된 위치에 빼뜨기 스티치를 합니다. 주머니 안면을 몸판 겉면에 울지 않도록 겹쳐서 몸판 안면에서 감침질합니다.

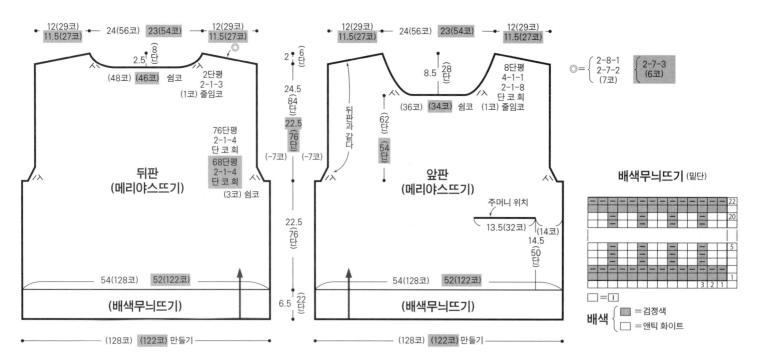

※지정하지 하지 않은 것은 모두 5호 대바늘로 뜬다.
※지정하지 않은 것은 앤틱 화이트로 뜬다.
※ ▨ 는 S, 그 외에는 M 또는 공통.

실 사용량

색이름(색번호)	S	M	L	XL
앤틱 화이트(2004L)	240g 3콘	260g 3콘	290g 3콘	310g 4콘
검정색(2207)	50g 1콘	55g 1콘	55g 1콘	60g 1콘

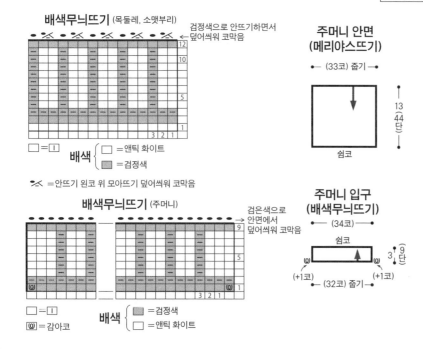

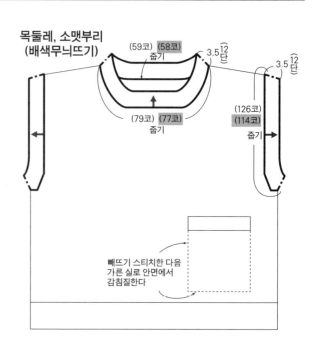

빼뜨기 스티치한 다음
가른 실로 안면에서
감침질한다

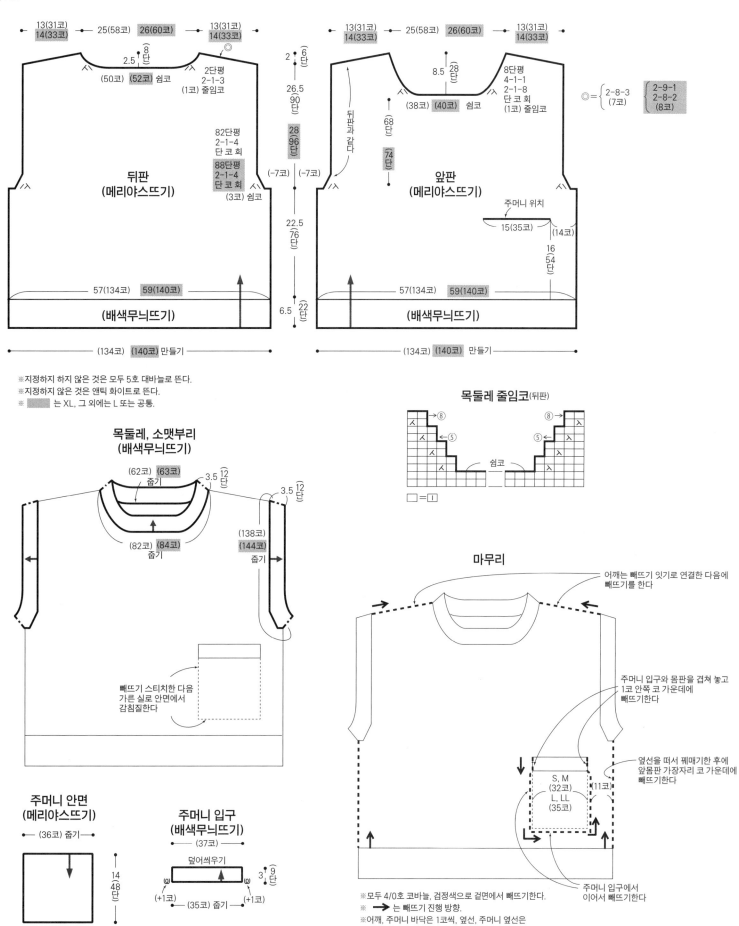

L, XL

뒤판 (메리야스뜨기)

13(31코) 14(33코) ← 25(58코) → 26(60코) → 13(31코) 14(33코)

2.5 $\binom{8}{단}$

(50코) (52코) 쉼코

2단평 2-1-3 (1코) 줄임코

82단평 2-1-4 단 코 회

88단평 2-1-4 단 코 회

(3코) 쉼코

(배색무늬뜨기)

57(134코) 59(140코)

(134코) (140코) 만들기

앞판 (메리야스뜨기)

13(31코) 14(33코) ← 25(58코) → 26(60코) → 13(31코) 14(33코)

8.5 $\binom{28}{단}$

(38코) (40코) 쉼코

8단평 4-1-1 2-1-8 단 코 회 (1코) 줄임코

뒤판과 같다

주머니 위치

15(35코) (14코)

16 54단

(배색무늬뜨기)

57(134코) 59(140코)

(134코) (140코) 만들기

◎ = $\begin{cases} 2-8-3 \\ (7코) \end{cases}$ $\begin{cases} 2-9-1 \\ 2-8-2 \\ (8코) \end{cases}$

2 $\binom{6}{단}$

26.5 $\binom{90}{단}$

28 96단 (-7코) (-7코)

22.5 $\binom{76}{단}$

6.5 $\frac{22}{단}$

68단 74단

※지정하지 않은 것은 모두 5호 대바늘로 뜬다.
※지정하지 않은 것은 앤틱 화이트로 뜬다.
※ ▨ 는 XL, 그 외에는 L 또는 공통.

목둘레, 소맷부리 (배색무늬뜨기)

(62코) (63코) 줍기

3.5 $\binom{12}{단}$

3.5 $\binom{12}{단}$

(82코) (84코) 줍기

(138코) (144코) 줍기

빼뜨기 스티치한 다음 가른 실로 안면에서 감침질한다

목둘레 줄임코 (뒤판)

→⑧ ⑧→
←⑤ ⑤←
쉼코

□ = □

마무리

어깨는 빼뜨기 잇기로 연결한 다음에 빼뜨기를 한다

주머니 입구와 몸판을 겹쳐 놓고 1코 안쪽 코 가운데에 빼뜨기한다

옆선을 떠서 꿰매기한 후에 앞몸판 가장자리 코 가운데에 빼뜨기한다

S, M (32코) L, LL (35코)

(11코)

주머니 입구에서 이어서 빼뜨기한다

※모두 4/0호 코바늘, 검정색으로 겉면에서 빼뜨기한다.
※ → 는 빼뜨기 진행 방향.
※어깨, 주머니 바닥은 1코씩, 옆선, 주머니 옆선은 4단부터는 3코를 갈라서 빼뜨기한다.

주머니 안면 (메리야스뜨기)

— (36코) 줍기 —

14 $\binom{48}{단}$

덮어씌우기

주머니 입구 (배색무늬뜨기)

(37코)

덮어씌우기

3 $\binom{9}{단}$

(+1코) (35코) 줍기 (+1코)

재료

스키얀 스키 워셔블 UV 파란색(5216) 410g 14볼, 하늘색(5206) 35g 2볼

도구

대바늘 5호·3호, 코바늘 5/0호

완성 크기

가슴둘레 109㎝, 어깨너비 41㎝, 기장 50.5㎝, 소매 길이 42.5㎝

게이지(10×10cm)

메리야스뜨기 23.5코×32단, 무늬뜨기 30코×32단, 모티브 크기는 도안 참고

POINT

●몸판, 소매…손가락에 걸어 만드는 기초코로 뜨개를 시작해서 뒤판, 오른쪽 앞판, 왼쪽 앞판은 메리야스뜨기와 무늬뜨기를 하고, 소매 '왼쪽', 소매 '오른쪽'은 메리야스뜨기합니다. 줄임코는 2코부터는 덮어씌우기, 첫코는 가장자리 1코를 세워서 줄임코를 합니다. 소매 밑선의 늘림코는 1코 안쪽에

서 돌려뜨기 늘림코를 합니다. 앞판 중심에서 코를 주워서 테두리뜨기 A를 떠서 정리합니다. 계속해서 앞판 '가운데'를 모티브 잇기합니다. 모티브 잇기는 마지막 단에서 테두리뜨기 A와 옆 모티브와 연결하면서 뜹니다. 4장 잇기가 끝나면 위와 아래에 테두리뜨기 B를 떠서 정리합니다. 밑단은 지정된 콧수만큼 주워서 2코 고무뜨기를 합니다. 뜨개 끝은 겉뜨기는 겉뜨기로 안뜨기는 안뜨기로 뜨면서 덮어씌워 코막음합니다. 어깨는 덮어씌워 잇기, 소매 '왼쪽', 소매 '오른쪽'은 코와 단 잇기로 몸판과 연결합니다. 소매 중심과 △, ▲에 테두리뜨기 A'를 1단 떠서 정리합니다. 소매 '가운데'는 앞판과 같은 방법으로 뜨고, 모티브 소맷부리 쪽에는 테두리뜨기 B를 합니다. 소맷부리는 2코 고무뜨기를 하고 뜨개 끝은 밑단과 같은 방법으로 합니다.

●마무리…옆선, 소매 밑단은 떠서 꿰매기를 합니다. 목둘레는 지정된 콧수만큼 주워서 2코 고무뜨기를 원형뜨기합니다. 뜨개 끝은 밑단과 같은 방법으로 합니다.

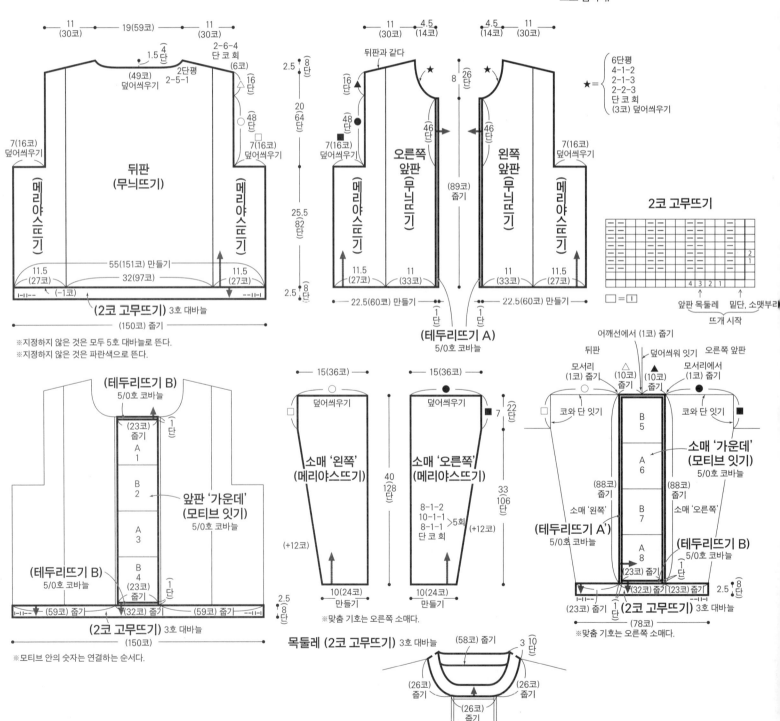

※지정하지 않은 것은 모두 5호 대바늘로 뜬다.
※지정하지 않은 것은 파란색으로 뜬다.

※모티브 안의 숫자는 연결하는 순서다.

※맞춤 기호는 오른쪽 소매다.

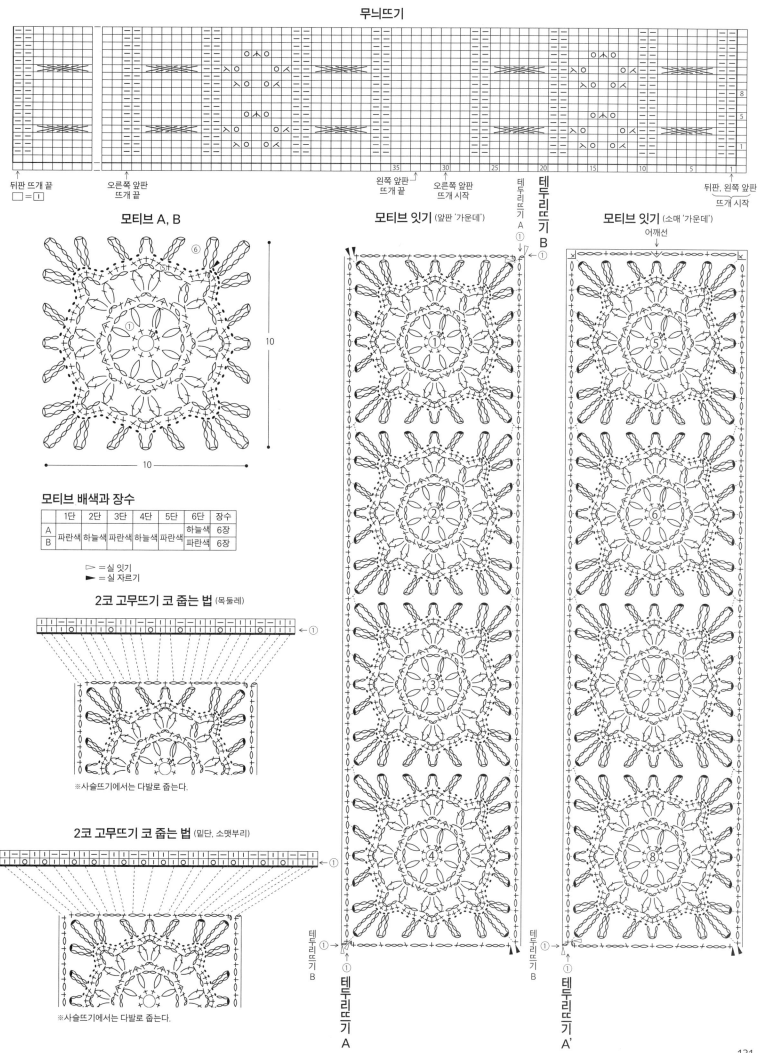

무늬뜨기

뒤판 뜨개 끝
□ = I

오른쪽 앞판
뜨개 끝

왼쪽 앞판
뜨개 끝

오른쪽 앞판
뜨개 시작

테두리뜨기 A

테두리뜨기 B

뒤판, 왼쪽 앞판
뜨개 시작

모티브 A, B

모티브 배색과 장수

	1단	2단	3단	4단	5단	6단	장수
A	파란색	하늘색	파란색	하늘색	파란색	하늘색	6장
B	파란색	하늘색	파란색	하늘색	파란색	파란색	6장

▷ = 실 잇기
► = 실 자르기

2코 고무뜨기 코 줍는 법 (목둘레)

※사슬뜨기에서는 다발로 줍는다.

2코 고무뜨기 코 줍는 법 (밑단, 소맷부리)

※사슬뜨기에서는 다발로 줍는다.

모티브 잇기 (앞판 '가운데')

테두리뜨기 A

테두리뜨기 B

테두리뜨기 A

모티브 잇기 (소매 '가운데')

어깨선

테두리뜨기 B

테두리뜨기 A'

재료
스키얀 스키 워셔블 UV 에크뤼(5201) 460g 16볼
도구
코바늘 5/0호
완성 크기
가슴둘레 102cm, 기장 53cm, 화장 38cm
게이지
모티브 1변 6.5cm, 무늬뜨기(10×10cm) 24.5코×10단

POINT
●몸판, 소매…모티브를 지정된 장수만큼 뜨고 도안을 참고해서 반 코 감침질로 연결합니다. 모눈뜨기 A, B, C, D는 사슬 기초코로 뜨개를 시작하고 무늬뜨기로 지정된 장수만큼 뜹니다.
●마무리…모눈뜨기와 모티브를 반 코 감침질로 연결하는데 이때 모눈뜨기의 뜨개 방향에 주의하세요. 옆선, 소매 밑선도 같은 방법으로 잇습니다. 목둘레, 밑단, 소맷부리는 한길 긴뜨기로 1단 원형 뜨기를 합니다.

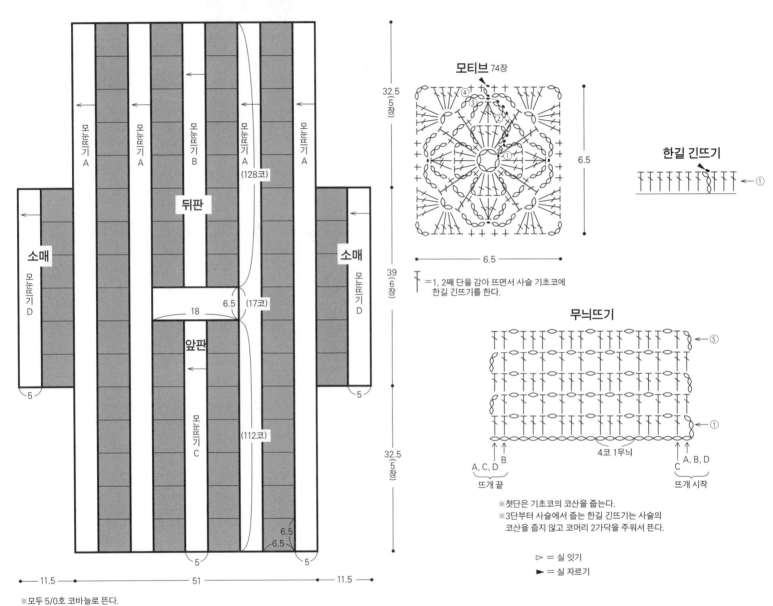

모티브 74장

한길 긴뜨기

6.5

6.5

┬ =1, 2째 단을 감아 뜨면서 사슬 기초코에
  한길 긴뜨기를 한다.

무늬뜨기

4코 1무늬

A, C, D | B   C | A, B, D
뜨개 끝   뜨개 시작

※첫단은 기초코의 코산을 줍는다.
※3단부터 사슬에서 줍는 한길 긴뜨기는 사슬의
  코산을 줍지 않고 코머리 2가닥을 주워서 뜬다.

▷ = 실 잇기
► = 실 자르기

32.5 (5장)
39 (6장)
32.5 (5장)

모눈뜨기 A
모눈뜨기 A
모눈뜨기 B
모눈뜨기 A
(128코)
모눈뜨기 A

뒤판

소매
모눈뜨기 D

소매
모눈뜨기 D

18 6.5 (17코)

5   5

앞판

모눈뜨기 C
(112코)

6.5
6.5

5   5   5

11.5 ─ 51 ─ 11.5

※모두 5/0호 코바늘로 뜬다.

▨ = 모티브
※모티브끼리는 뒤 반 코를 감침질한다.

도안 1 밑단

한길 긴뜨기
①

옆선

※무늬뜨기에서 주울 때는 가장자리 코를 갈라서 줍는다.

모눈뜨기

A 4장

(무늬뜨기)

5 ⟨5단⟩

104 (사슬 257코) 만들기

B 1장

(무늬뜨기)

5 ⟨5단⟩

52 (사슬 128코) 만들기

D 2장

(무늬뜨기)

5 ⟨5단⟩

39 (사슬 97코) 만들기

C 1장

(무늬뜨기)

5 ⟨5단⟩

45.5 (사슬 112코) 만들기

모티브와 모눈뜨기 잇는 법

1단

목둘레
(한길 긴뜨기)

모서리 (3코) 줄기

(38코) 줄기

1단

모서리 (3코) 줄기

소맷부리
(한길 긴뜨기)

1단

도안 2

(13코) 줄기

(13코) 줄기

모서리 (3코) 줄기

(38코) 줄기

모서리 (3코) 줄기

(97코) 줄기

감침질

밑단 (한길 긴뜨기) 도안 1

1단

(248코) 줄기

※마지막 단 코머리와 사슬의 뒤 반 코를 서로 감침질한다.
※모눈뜨기 A, D는 어깨에서 모티브의 코를 1코 건너뛰고 감침질한다(도안 2 참고).

▷ = 실 잇기
► = 실 자르기

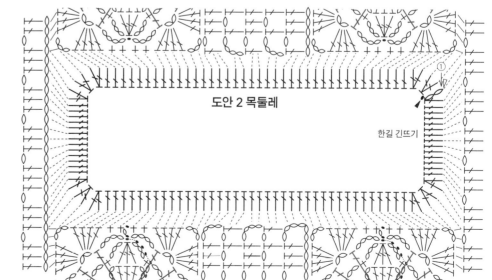

도안 2 목둘레

한길 긴뜨기

짧은
뒤걸어뜨기

변형 긴 3코
구슬뜨기

※ 일본어 사이트

※ 일본어 사이트

스레드 코드

※ 일본어 사이트

재료
올림포스 에밀 그란데 연녹색(252) 290g 6볼, 연두색(273) 95g 2볼, 잿빛 분홍색(141) 30g 1볼. 에밀 그란데 '컬러즈' 크림색(560) 10g 1볼

도구
코바늘 2/0호

완성 크기
가슴둘레 106cm, 기장 45.5cm, 화장 53cm

게이지(10×10cm)
무늬뜨기 37코×13.5단, 모티브 크기는 도안 참고

POINT
●몸판, 소매…사슬 기초코로 뜨개를 시작하고 무

늬뜨기를 합니다. 몸판은 앞뒤를 이어서 뜨고, 25단을 뜨면 앞뒤를 따로 뜹니다. 소매 밑선의 늘림코는 도안을 참고하세요. 밑단·앞단·목둘레, 소맷부리는 모티브 잇기로 뜹니다. 2번째 장부터는 마지막 단에서 옆 모티브와 이으면서 뜹니다. 가장자리는 테두리뜨기를 원형뜨기합니다.
●마무리…어깨는 빼뜨기 사슬잇기, 소매 밑선은 빼뜨기 사슬 꿰매기를 합니다. 밑단·앞단·목둘레, 소맷부리 테두리뜨기한 부분을 몸판, 소매 위에 겹쳐서 가른 실로 꿰맵니다. 소매는 빼뜨기 사슬 잇기로 몸판과 연결합니다. 지정된 위치에 끈을 떠서 달고 도안을 참고해서 테슬을 만듭니다.

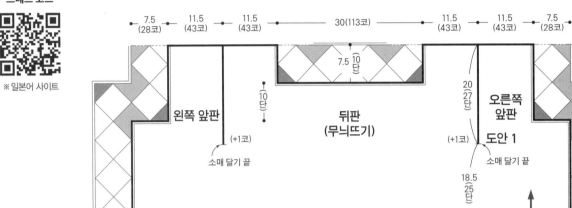

7.5
(28코)   11.5
(43코)   11.5
(43코)   30(113코)   11.5
(43코)   11.5
(43코)   7.5
(28코)

7.5 10단

(10단)

20 27단

왼쪽 앞판

뒤판
(무늬뜨기)

오른쪽 앞판
도안 1

15 (20단)

(+1코)

소매 달기 끝

(+1코)

소매 달기 끝

18.5 25단

22.5 (32단)

91(사슬 339코) 만들기

※모두 2/0호 코바늘로 뜬다.
※지정하지 않은 것은 모두 연녹색으로 뜬다.

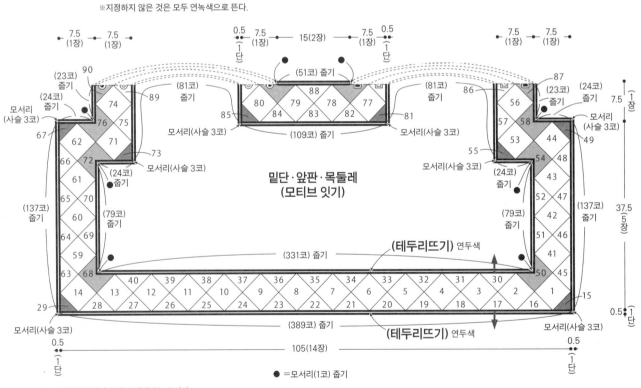

7.5
(1장)   7.5
(1장)   0.5
1단   7.5
(1장)   15(2장)   7.5
(1장)   0.5
1단   7.5
(1장)   7.5
(1장)

90

(23코)
줄기   (81코)
줄기   (51코)
줄기   (81코)
줄기   87   (23코)
줄기   (24코)
줄기   7.5
1장

모서리
(사슬 3코)   (24코)
줄기   74   89   80   79   88   78   77   86   56   57   58   모서리
(사슬 3코)   49

67   76   75   85   84   83   82   81   55   53   44   54   48

(109코) 줄기

62   71   모서리(사슬 3코)   모서리(사슬 3코)   52   47

66   72   73   (24코)
줄기   (24코)
줄기   43

61   모서리(사슬 3코)   42

밑단·앞판·목둘레
(모티브 잇기)

65   70   (79코)
줄기   (79코)
줄기   51   46

(137코)
줄기   64   69   (테두리뜨기) 연두색   (137코)
줄기   41   45   37.5 (5장)

60   59   (331코) 줄기   52   50

63   68   40   39   38   37   36   35   34   33   32   31   30

14   13   12   11   10   9   8   7   6   5   4   3   2   1   15

29   28   27   26   25   24   23   22   21   20   19   18   17   16   0.5
1단

모서리
(사슬 3코)   (389코) 줄기   (테두리뜨기) 연두색   모서리
(사슬 3코)

0.5
1단   105(14장)   0.5
1단

● =모서리(1코) 줄기

※모티브 안의 숫자는 연결하는 순서다.
※맞춤 기호는 이어서 뜬다.

모티브 A

7.5
7.5

모티브 B

3.75
7.5

모티브 C

3.75
3.75

모티브 D

7.5
7.5

테두리뜨기

4코 1무늬   ←①

► =실 자르기

무늬뜨기

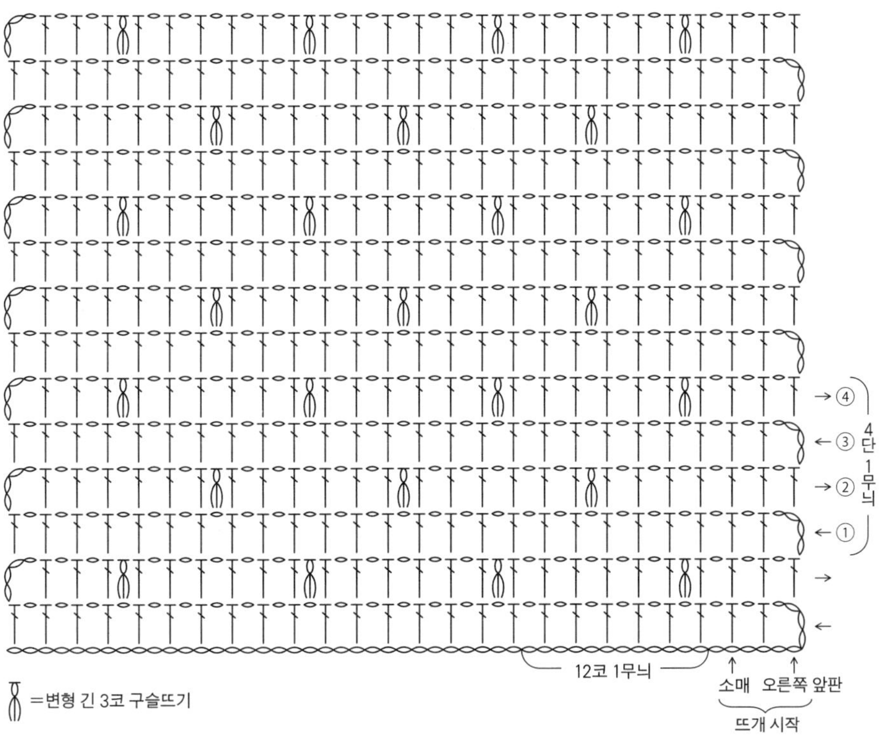
④
③
②
①
4단 1무늬
12코 1무늬
소매
오른쪽 앞판
뜨개 시작

=변형 긴 3코 구슬뜨기

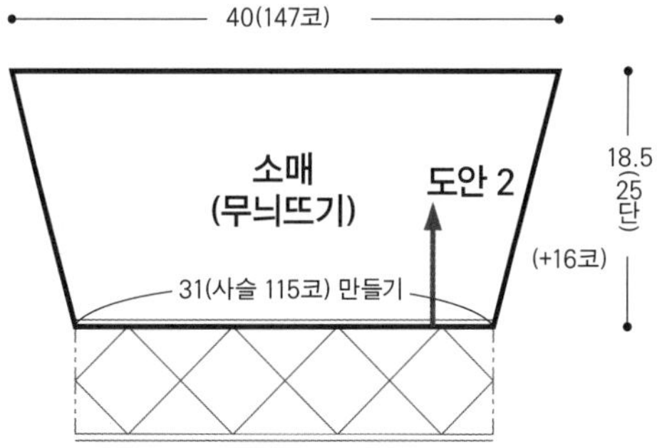
40(147코)
소매
(무늬뜨기)
도안 2
18.5
(25단)
(+16코)
31(사슬 115코) 만들기

소맷부리
(모티브 잇기)

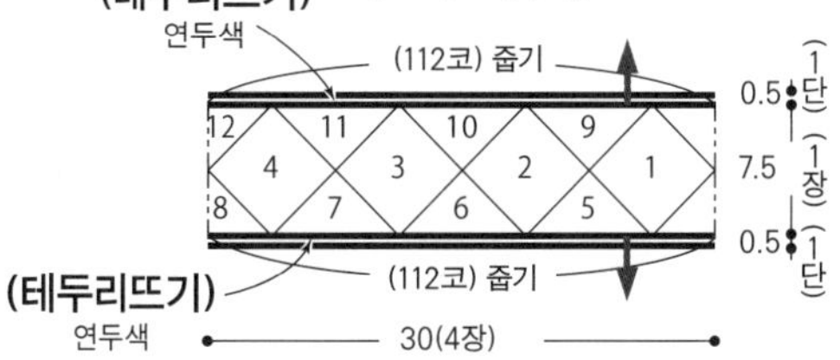
(테두리뜨기)
연두색
(112코) 줍기
12
11
10
9
4
3
2
1
8
7
6
5
0.5
(1단)
7.5
(1장)
0.5
(1단)
(테두리뜨기)
연두색
(112코) 줍기
30(4장)

모티브 C 8장

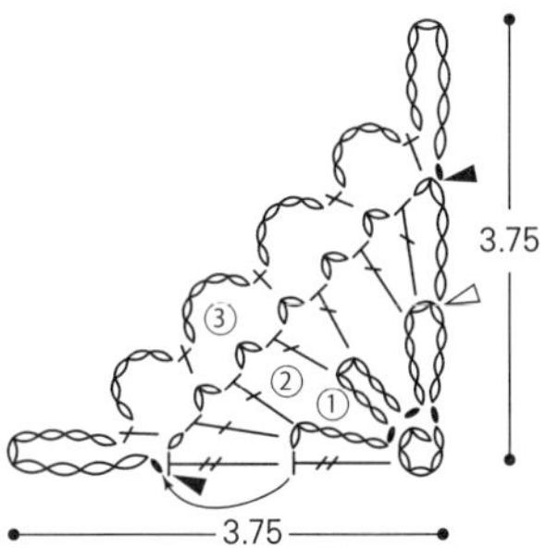
3.75
③
②
①
3.75

모티브 B 60장

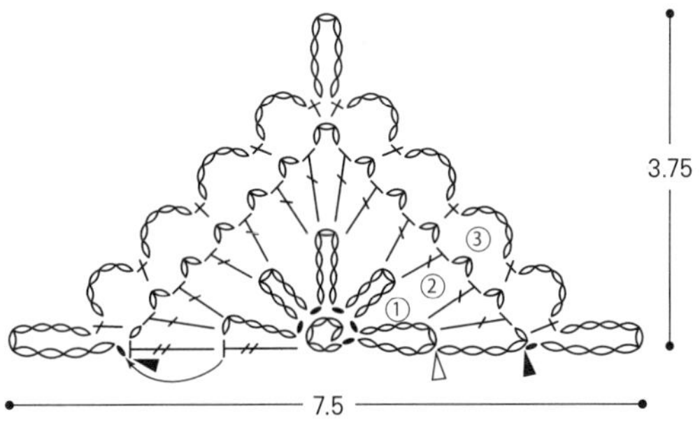
3.75
③
②
①
7.5

모티브 A 38장

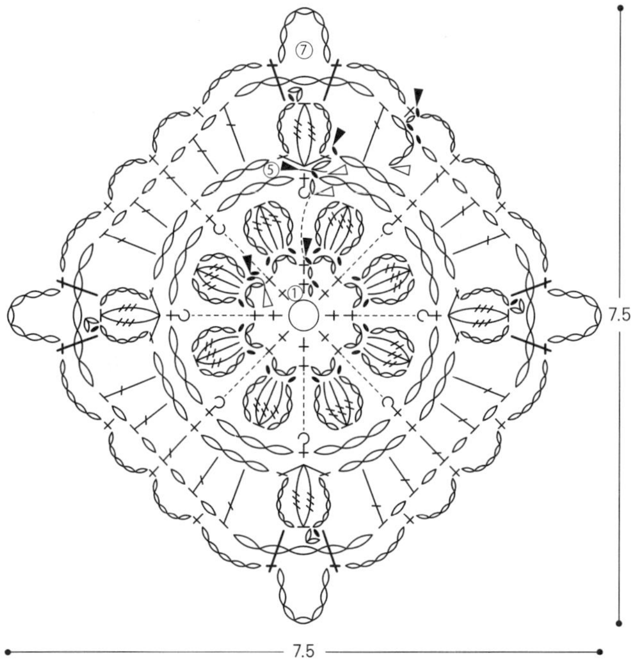
⑦
⑤
①
7.5
7.5

=6째단의 사슬을 감아 뜨면서 5단의 사슬을 다발로 줍는다.

=짧은 뒤걸어뜨기

모티브 D 8장

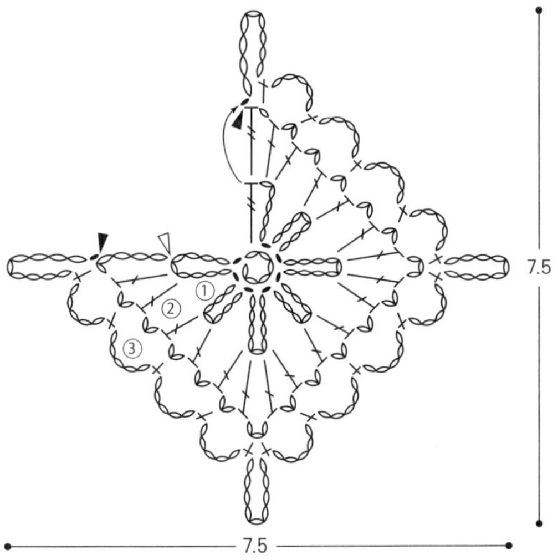
①
②
③
7.5
7.5

▷=실 잇기

►=실 자르기

=실 걸치기

모티브 B, C, D 배색

3단	연두색
2단	연녹색
1단	연두색

모티브 A 배색

6, 7단	연녹색
5단	연두색
4단	연녹색
3단	잿빛 분홍색
1, 2단	크림색

136페이지로 이어집니다. ▶

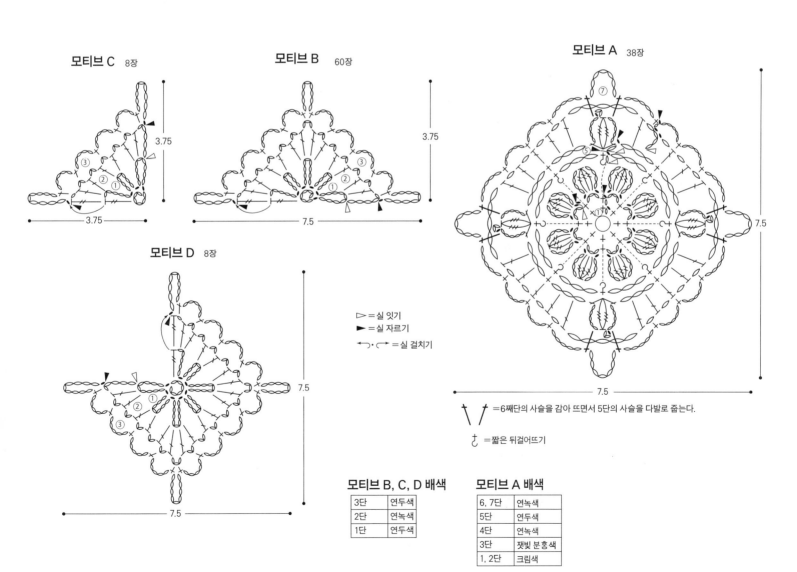

▶ 135페이지에서 이어집니다.

마무리하는 법

도안 1 오른쪽 소매 트임

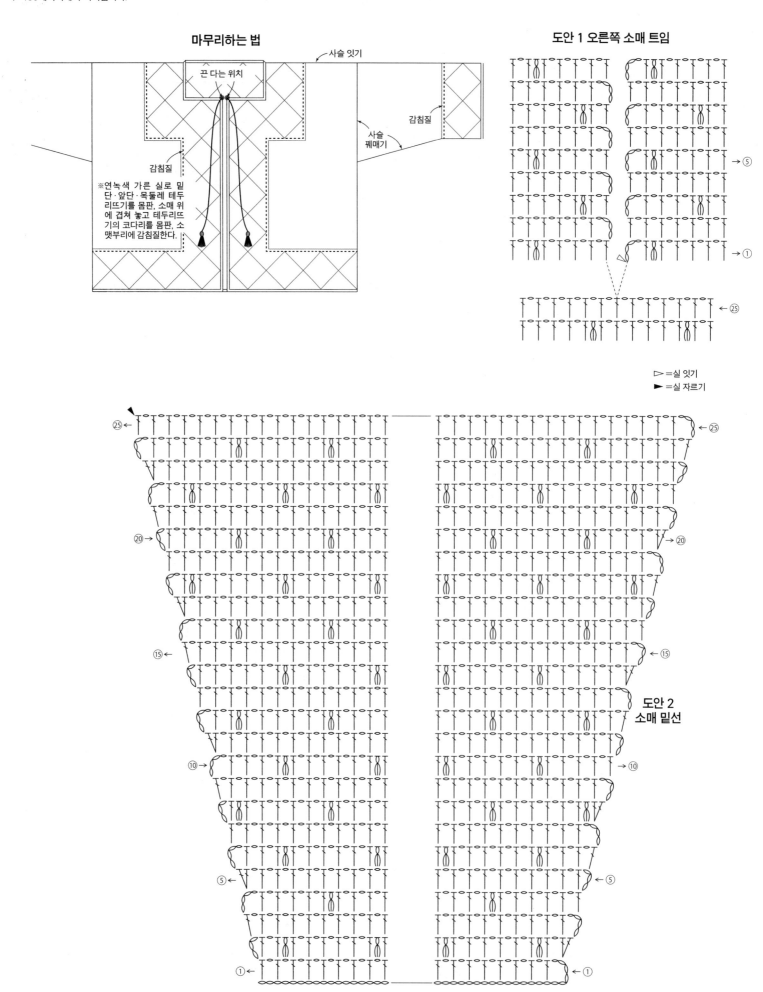

끈 다는 위치

사슬 잇기

감침질

사슬 꿰매기

감침질

※연녹색 가른 실로 밑단 · 앞단 · 목둘레 테두리뜨기를 몸판, 소매 위에 겹쳐 놓고 테두리뜨기의 코다리를 몸판, 소맷부리에 감침질한다.

▷ = 실 잇기
► = 실 자르기

도안 2
소매 밑선

끈
(스레드 코드)

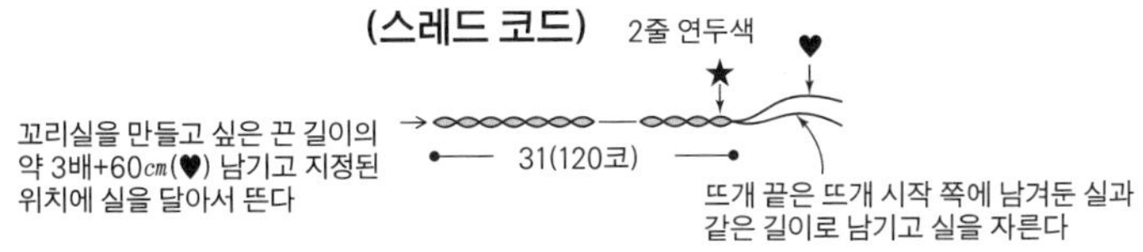

2줄 연두색

꼬리실을 만들고 싶은 끈 길이의
약 3배+60cm(♥) 남기고 지정된
위치에 실을 달아서 뜬다

31(120코)

뜨개 끝은 뜨개 시작 쪽에 남겨둔 실과
같은 길이로 남기고 실을 자른다

테슬 만드는 법

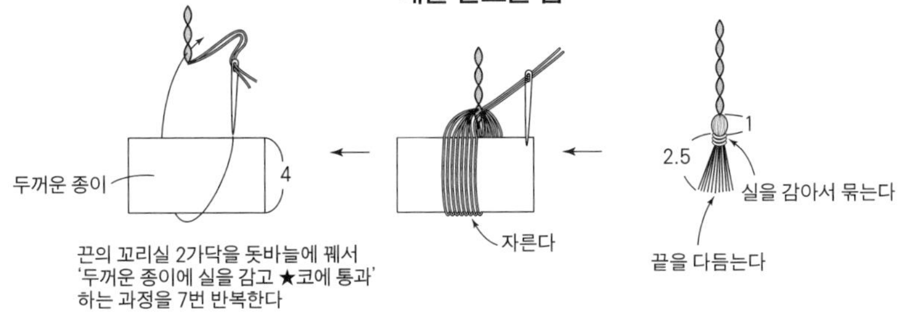

두꺼운 종이

끈의 꼬리실 2가닥을 돗바늘에 꿰서
'두꺼운 종이에 실을 감고 ★코에 통과'
하는 과정을 7번 반복한다

자른다

실을 감아서 묶는다

끝을 다듬는다

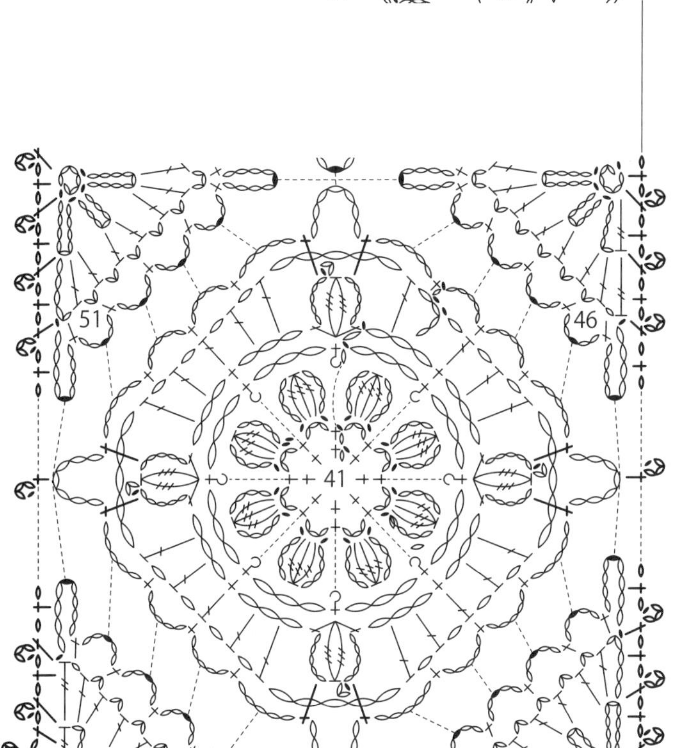

모티브 잇는 법

테두리뜨기
①←

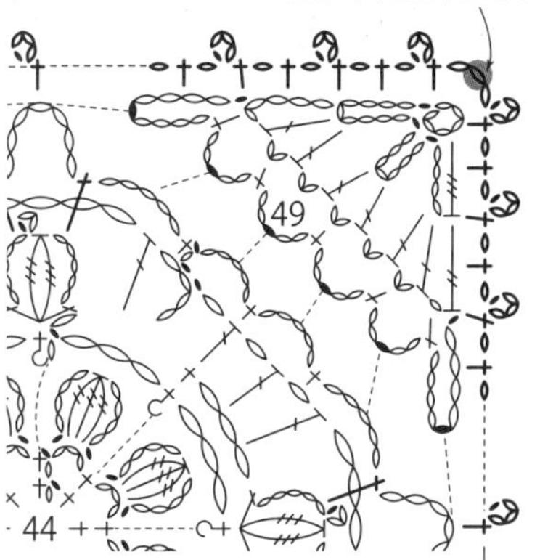

49

44

51

46

41

45

50

30

3

2

1

17

16

15

테두리뜨기
①→

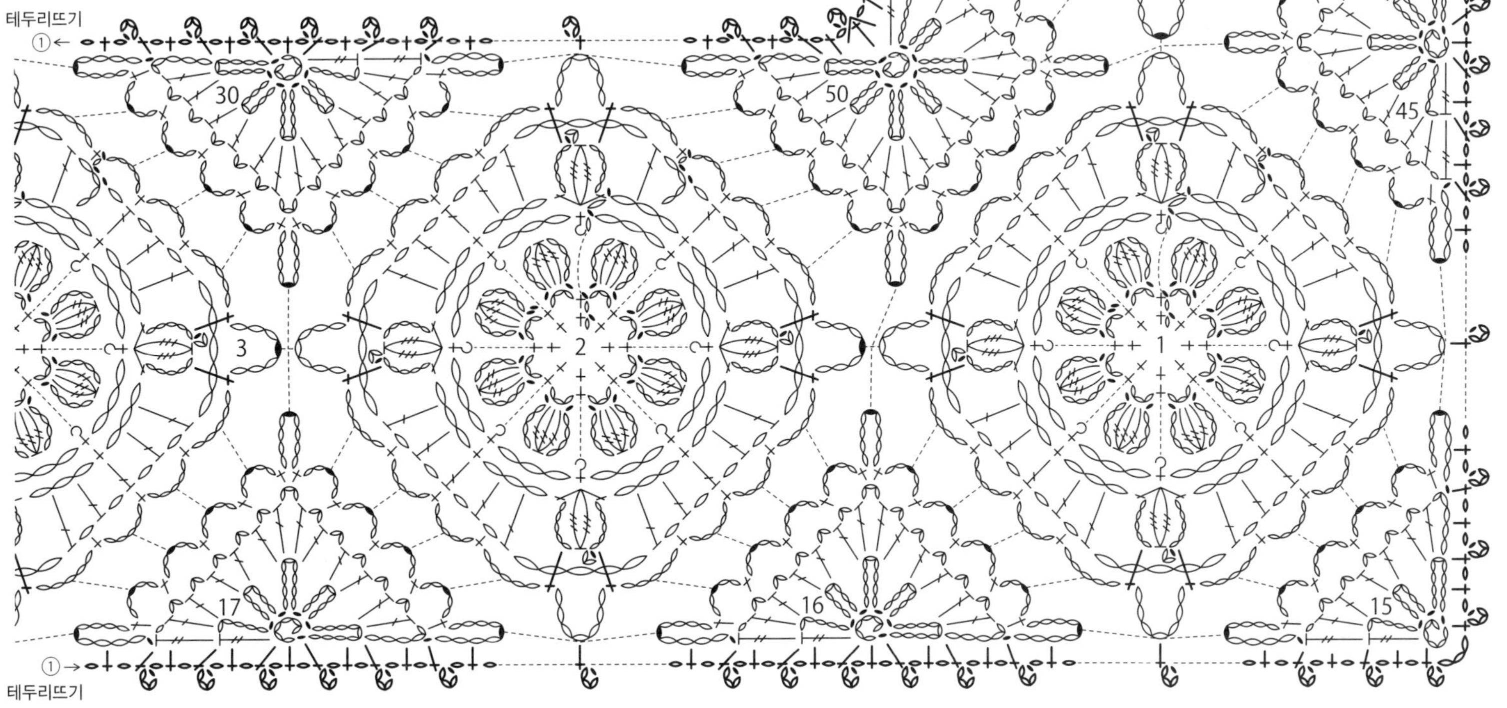

※모티브 잇기는 테두리뜨기하는 바깥쪽은 사슬의 코를 갈라서 연결한다.
※모티브 B, C, D는 안면을 보면서 연결한다.

재료
호비라 호비레 코튼 셀리 에크루(10) 120g 3볼, 노란색(01) 80g 2볼, 연두색(03) 80g 2볼, 분홍색(07) 80g 2볼, 파란색(14) 80g 2볼, 연보라색(18) 80g 2볼, 하늘색(20) 80g 2볼

도구
코바늘 5/0호

완성 크기
가로 84cm, 세로 84cm

게이지
모티브 크기는 도안 참고

POINT
●모티브 잇기로 뜹니다. 2번째 장부터는 마지막 단에서 옆 모티브와 연결하면서 뜹니다. 모티브 A 뜨기가 끝나면 모티브 A 사이에 모티브 B를 뜹니다.

담요 (모티브 잇기)

Ab 49	Aa 48	Ag 47	Af 46	Ae 45	Ad 44	Ac 43
Bb 85	Ba 84	Bf 83	Be 82	Bd 81	Bc 80	
Ad 42	Ac 41	Ab 40	Aa 39	Ag 38	Af 37	Ae 36
Bd 79	Bc 78	Bb 77	Ba 76	Bf 75	Be 74	
Af 35	Ae 34	Ad 33	Ac 32	Ab 31	Aa 30	Ag 29
Bf 73	Be 72	Bd 71	Bc 70	Bb 69	Ba 68	
Aa 28	Ag 27	Af 26	Ae 25	Ad 24	Ac 23	Ab 22
Bb 67	Ba 66	Bf 65	Be 64	Bd 63	Bc 62	
Ac 21	Ab 20	Aa 19	Ag 18	Af 17	Ae 16	Ad 15
Bd 61	Bc 60	Bb 59	Ba 58	Bf 57	Be 56	
Ae 14	Ad 13	Ac 12	Ab 11	Aa 10	Ag 9	Af 8
Bf 55	Be 54	Bd 53	Bc 52	Bb 51	Ba 50	
Ag 7	Af 6	Ae 5	Ad 4	Ac 3	Ab 2	Aa 1

84(7장)
84(7장)

※모두 5/0호 코바늘로 뜬다.
※모티브 안의 숫자는 연결하는 순서다.

▷ =실 잇기
► =실 자르기

모티브 A

12

모티브 B
8
8

모티브 A

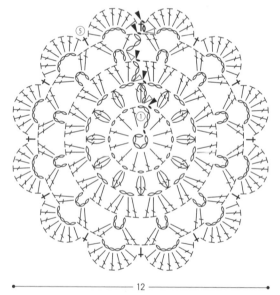

12

† =앞 단의 한길 긴뜨기와 한길 긴뜨기 사이에 바늘을 넣어서 뜬다.

모티브 B 배색과 장수

	1단	2단	장수
a	연두색		6장
b	분홍색		6장
c	하늘색	에크루	6장
d	연보라색		6장
e	파란색		6장
f	노란색		6장

모티브 A 배색과 장수

	1단	2단	3단	4단	5단	장수
a	연두색	분홍색	하늘색	에크루	연보라색	7장
b	하늘색	에크루	연보라색	파란색	노란색	7장
c	분홍색	하늘색	에크루	연보라색	파란색	7장
d	에크루	연보라색	파란색	노란색	연두색	7장
e	노란색	연두색	분홍색	하늘색	에크루	7장
f	파란색	노란색	연두색	분홍색	하늘색	7장
g	연보라색	파란색	노란색	연두색	분홍색	7장

우루리

세이카

재료
Keito 우루리 핑크(01) 90g 1볼, Silk HASEGAWA
세이카 흰색(1 WHITE) 25g 1볼

도구
대바늘 5호

완성 크기
폭 133cm, 길이 66.5cm

게이지(10×10cm)
가터뜨기줄무늬, 무늬뜨기 A 모두 20코x40단

POINT
● 쿤스트 기초코로 뜨기 시작해 가터뜨기줄무늬,
무늬뜨기 A를 뜹니다. 늘림코는 도안을 참고하세
요. 이어서 분산 늘림코를 하면서 무늬뜨기 B를 뜹
니다. 덮어씌워 코막음으로 마무리합니다.

가터뜨기줄무늬의 배색

핑크	●
흰색	●
핑크	●
흰색	● = 2단
핑크	= 10단

반복

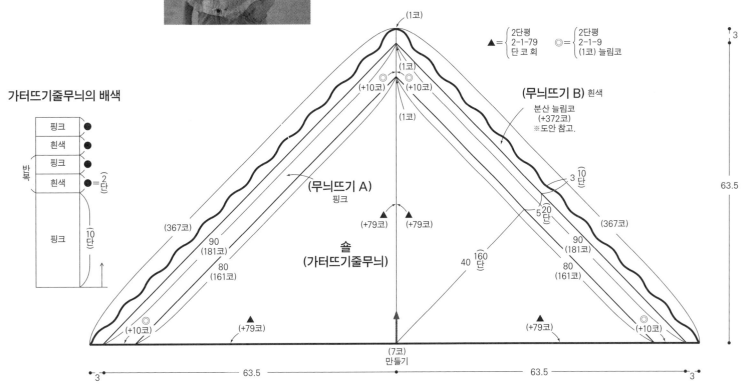

▲ = { 2단평 2-1-79 단 코 회 }   ◎ = { 2단평 2-1-9 (1코) 늘림코 }

(1코)

(무늬뜨기 B) 흰색
분산 늘림코
(+372코)
※도안 참고.

(무늬뜨기 A)
핑크

솔
(가터뜨기줄무늬)

(367코)

90 (181코)
80 (161코)

(+79코) (+79코)

40 160 단

(7코) 만들기

3   63.5   63.5   3

63.5

※모두 대바늘 5호로 뜬다.

140페이지로 이어집니다. ▶

모티브 잇는 법

모티브A 잇는 법

한길 긴뜨기를 3코 뜬 다음 코에서 바늘을
빼 연결할 모티브의 4번째 한길 긴뜨기에
바늘을 넣어 빼뜨기 한다

▶ 139페이지에서 이어집니다.

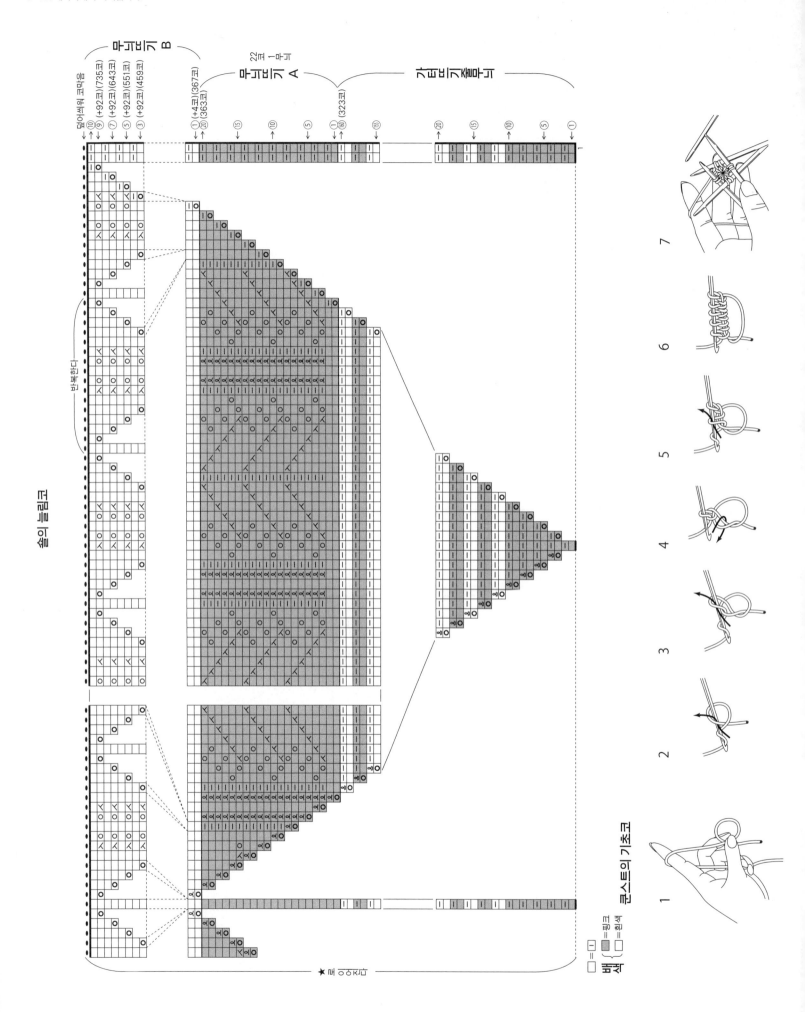

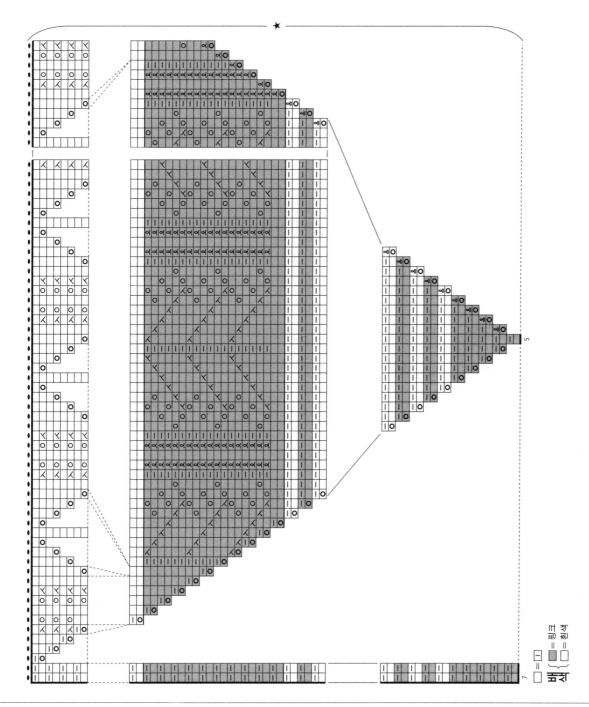

★

▶ 142페이지에서 이어집니다.

무늬뜨기 (밑단)

□ = ⊥

무늬뜨기 (소맷부리)

□ = ⊥

끈(스레드 코드) 6/0호 코바늘
황록색 2가닥

110(220코)

마무리하는 법

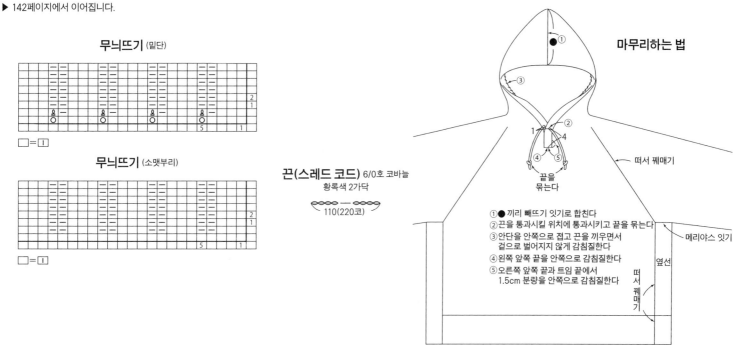

① ● 끼리 빼뜨기 잇기로 합친다
② 끈을 통과시킬 위치에 통과시키고 끝을 묶는다
③ 안단을 안쪽으로 접고 끈을 끼우면서
　 겉으로 벌어지지 않게 감침질한다
④ 왼쪽 앞쪽 끝을 안쪽으로 감침질한다
⑤ 오른쪽 앞쪽 끝과 트임 끝에서
　 1.5cm 분량을 안쪽으로 감침질한다

떠서 꿰매기

메리야스 잇기

옆선

떠서 꿰매기

끝을 묶는다

에코 비타 388 리사이클 코튼

재료
DMC 에코 비타 388 리사이클 코튼 그레이(110)
405g 5볼, 황록색(138) 25g 1볼
도구
대바늘 7호·3호·1호, 코바늘 6/0호
완성 크기
가슴둘레 108cm, 기장 45cm, 화장 70cm
게이지(10×10cm)
메리야스뜨기 22코x31단
POINT
●몸판, 옆선, 소매…별도 사슬로 만드는 기초코로
뜨기 시작해 메리야스뜨기를 합니다. 래글런선의
줄임코는 가장자리에서 3코째와 4코째를 2코 모

아뜨기를 합니다. 앞판은 도안을 참고해서 목둘레
트임부터 좌우로 나눠서 뜹니다. 소매 밑선의 늘림
코는 1코 안쪽에서 돌려뜨기 늘림코를 합니다. 뒤
판, 옆선, 소매는 덮어씌워 코막음으로 마무리하고,
앞판은 쉽게 뜹니다. 기초코의 사슬을 풀어 코를
줍고 몸판, 소매는 무늬뜨기, 옆선은 2코 고무뜨기
를 합니다. 마무리는 겉뜨기는 겉뜨기로 안뜨기는
안뜨기로 떠서 덮어씌워 코막음합니다.
●마무리…래글런선, 몸판과 옆선, 소매 밑선은 떠
서 꿰매기, 덧댐코는 메리야스 잇기를 합니다. 몸
판과 소매에서 코를 주워 후드를 뜹니다. 증감코는
도안을 참고하세요. 끈은 2가닥으로 스레드 코드
를 뜹니다. 마무리하는 법을 참고해서 후드를 완성
합니다.

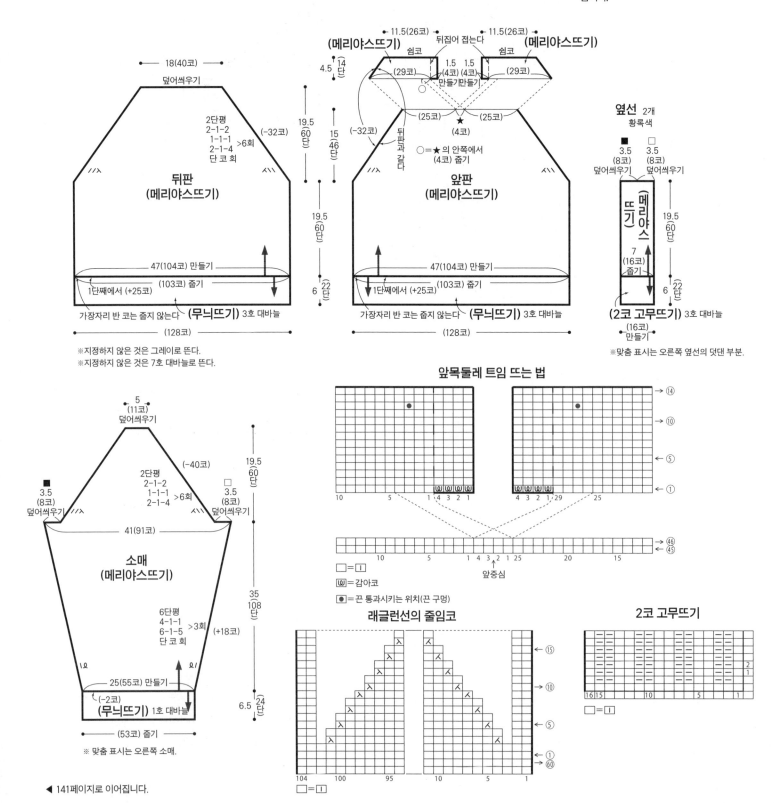

◀ 141페이지로 이어집니다.

★ 개수는 작품을 선택하는 기준으로 참고해주세요. ★…초심자도 안심, ★★…자신이 조금 생겼다면, ★★★…끈기도 겸비한 중·상급자, ★★★★…솜씨에 자신 있음. 실은 실물 크기입니다.

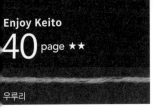

재료
Keito 우루리 그레이(02) 290g 3볼
도구
대바늘 6호·5호
완성 크기
가슴둘레 96cm, 어깨너비 42cm, 기장 55.5cm
게이지(10×10cm)
메리야스뜨기 20코×26단

POINT
●몸판…모두 2가닥으로 뜹니다. 손가락으로 만드는 기초코로 뜨기 시작해 2코 고무뜨기, 메리야스뜨기를 합니다. 줄임코는 2코 이상은 덮어씌우기, 1코는 가장자리 1코를 세우는 줄임코를 합니다.
●마무리…어깨는 덮어씌워 잇기, 옆선은 떠서 꿰매기를 합니다. 목둘레, 진동둘레는 지정된 콧수를 주워 2코 고무뜨기로 원형뜨기를 합니다. 마무리는 겉뜨기는 겉뜨기로 안뜨기는 안뜨기로 떠서 덮어씌워 코막음합니다.

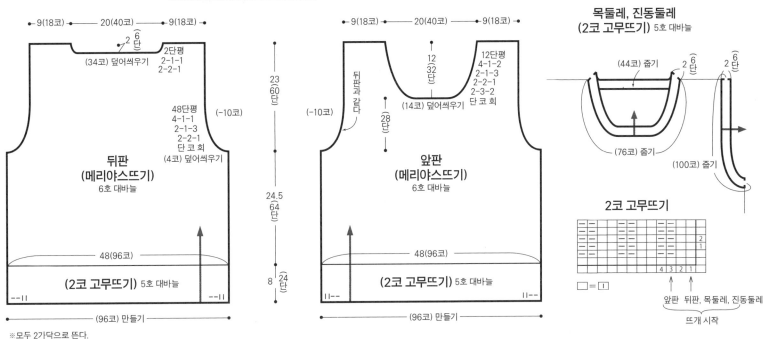

목둘레, 진동둘레
(2코 고무뜨기) 5호 대바늘

2코 고무뜨기

□ = ||

앞판 뒤판, 목둘레, 진동둘레
뜨개 시작

※모두 2가닥으로 뜬다.

후드의 증감코

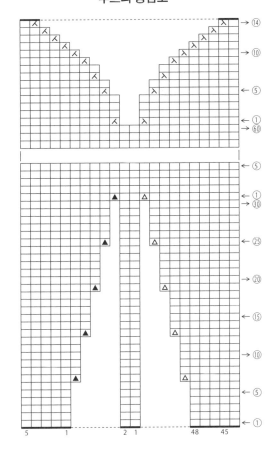

□ = |
△ = 오른쪽 돌려뜨기 늘림코
▲ = 왼쪽 돌려뜨기 늘림코

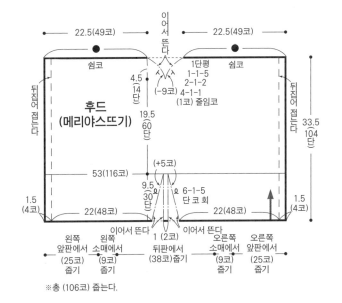

후드
(메리야스뜨기)

※총 (106코) 줍는다.

왼쪽 앞판에서 (25코) 줍기
왼쪽 소매에서 (9코) 줍기
뒤판에서 (38코) 줍기
오른쪽 소매에서 (9코) 줍기
오른쪽 앞판에서 (25코) 줍기

좌우의 돌려뜨기 늘림코

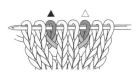

▲ 왼쪽 돌려뜨기 늘림코
(왼쪽으로 돌려뜨는 돌려뜨기)

△ 오른쪽 돌려뜨기 늘림코
(오른쪽으로 돌려뜨는 돌려뜨기)

143

재료

실…올림포스 샤포트 색이름·색번호·사용량은 도안 표를 참고하세요.

대나무 손잡이…바깥 지름 14cm 1쌍

수예용 솜… 적당량

도구

코바늘 6/0호

완성 크기

[가방] 폭 30cm, 높이 24.5cm

[팔찌] 길이 70cm

게이지

모티브 크기는 도안 참조. 무늬뜨기(10×10cm) 21코×9단

POINT

●가방…측면은 사슬 기초코로 뜨개를 시작해서 무늬뜨기를 합니다. 계속해서 가장자리는 짧은뜨기를 1단 떠서 정리합니다. 옆면·바닥면은 가장자리에서 코를 주워서 줄무늬 테두리뜨기를 합니다. 모티브를 지정된 장수만큼 뜨고, 배치도를 참고해서 옆을 꿰매서 연결합니다. 옆면·바닥면을 겉끼리 맞대고 마지막 단을 겹쳐서 빼드기 잇기로 연결합니다. 손잡이를 달아서 마무리합니다.

●팔찌…지정된 모티브를 뜨고 배치도를 보고 조합합니다. 안면에 끈을 꿰매서 달고 끈 끝에 테슬을 달아서 마무리합니다.

가방

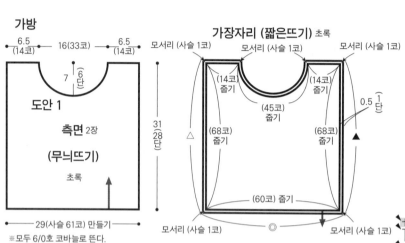

가방 실과 사용량

색 이름(색번호)	사용량
초록색(17)	110g 4볼
겨자색(7)	각 40g 2볼
보라색(18)	
남색(5)	각 35g 1볼
빨간색(10)	
연분홍색(19)	
진녹색(20)	
진분홍색(4)	25g 1볼
하늘색(6)	20g 1볼
하얀색(16)	15g 1볼

줄무늬 테두리뜨기

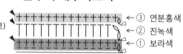

③ 연분홍색
② 진녹색
① 보라색

┼ =가장자리 짧은뜨기 코머리의 뒤 반 코를 줍는다.

옆면·바닥면 (줄무늬 테두리뜨기) 2장

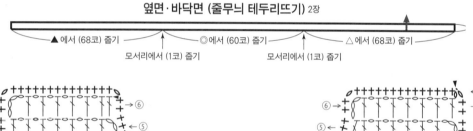

무늬뜨기

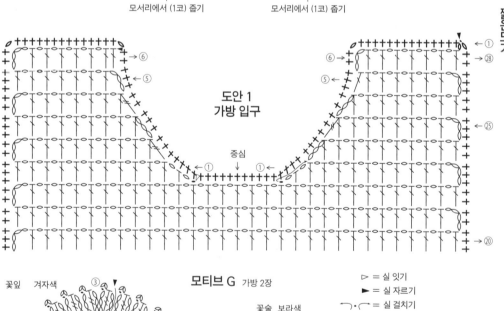

모티브 배치도

▷ = 실 잇기
► = 실 자르기
⌒·= 실 걸치기

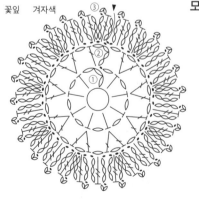

모티브 G 가방 2장

꽃잎 겨자색

꽃술 보라색

꽃술 늘림코

단수	콧수	
5단	24코	
4단	24코	(+6코)
3단	18코	(+6코)
2단	12코	(+6코)
1단	6코	

※꽃잎 중심에 꽃술을 겹쳐서 안에 솜을 채우고 꽃잎 2단 코머리에 꿰맨다.

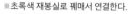

※초록색 재봉실로 꿰매서 연결한다.
※같은 것을 2장 만든다.

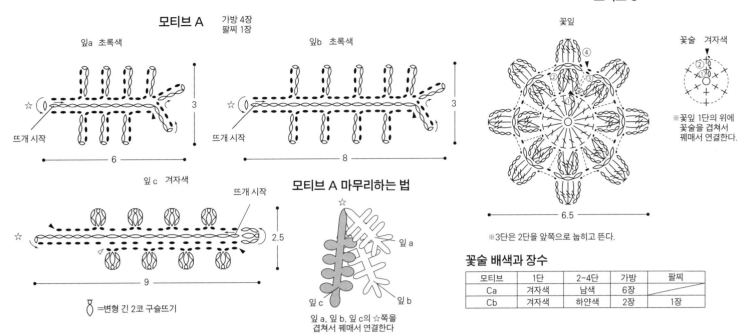

모티브 A

가방 4장
팔찌 1장

잎a 초록색

잎b 초록색

☆
뜨개 시작

뜨개 시작

3

6

3

8

모티브 C

꽃잎

잎c 겨자색

뜨개 시작

☆

2.5

9

꽃술 겨자색

※꽃잎 1단의 위에
꽃술을 겹쳐서
꿰매서 연결한다.

6.5

※3단은 2단을 앞쪽으로 눕히고 뜬다.

⚬ =변형 긴 2코 구슬뜨기

모티브 A 마무리하는 법

잎 a

잎 c

잎 b

잎 a, 잎 b, 잎 c의 ☆쪽을
겹쳐서 꿰매서 연결한다

꽃술 배색과 장수

모티브	1단	2~4단	가방	팔찌
Ca	겨자색	남색	6장	
Cb	겨자색	하얀색	2장	1장

모티브 B 마무리하는 법

★

6

★을 중심으로 해서 반시계 방향으로
감은 다음 안면에서 꿰매서 고정한다.

모티브 B
빨간색 가방 4장

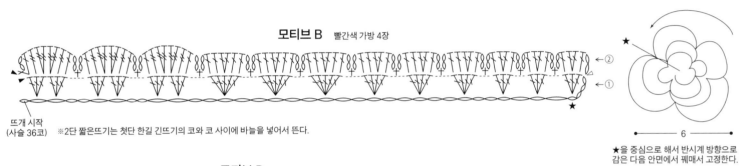

← ②

← ①

뜨개 시작
(사슬 36코)

※2단 짧은뜨기는 첫단 한길 긴뜨기의 코와 코 사이에 바늘을 넣어서 뜬다.

모티브 D
가방 4개

딸기 진분홍색

안에 솜을 채워서 마지막 단의
코에 실을 통과시켜서 오므린다

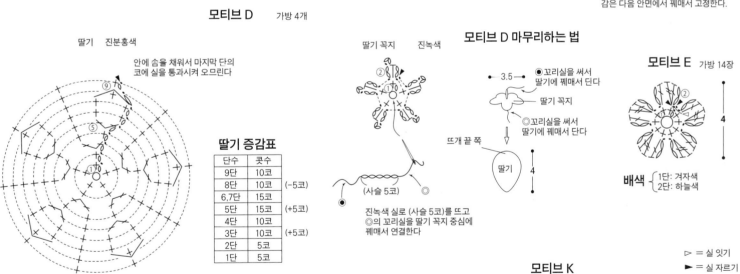

모티브 D 마무리하는 법

딸기 꼭지 진녹색

3.5

◉꼬리실을 써서
딸기에 꿰매서 단다

딸기 꼭지

◉꼬리실을 써서
딸기에 꿰매서 단다

뜨개 끝 쪽

딸기

4

모티브 E
가방 14장

4

배색

1단: 겨자색
2단: 하늘색

딸기 증감표

단수	콧수	
9단	10코	
8단	10코	(−5코)
6,7단	15코	
5단	15코	(+5코)
4단	10코	
3단	10코	(+5코)
2단	5코	
1단	5코	

진녹색 실로 (사슬 5코)를 뜨고
◎의 꼬리실을 딸기 꼭지 중심에
꿰매서 연결한다

▷ = 실 잇기
► = 실 자르기

모티브 K

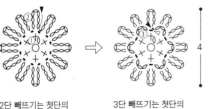

4

2단 빼뜨기는 첫단의
뒤 반 코를 줍는다

3단 빼뜨기는 첫단의
앞 반 코를 줍는다

모티브 H
진녹색 가방 6장

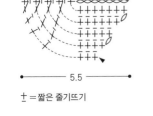

← ⑤

← ②

← ①

5

5.5

모티브 I
진녹색 가방 8장

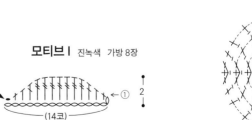

← ①

2

(14코)

6

╄=짧은 줄기뜨기

모티브 K 배색과 장수

모티브	1, 2단	3단	가방	팔찌
Ka	연분홍색	하얀색	14장	2장
Kb	보라색	연분홍색	12장	
Kc	빨간색	진분홍색	2장	

146페이지로 이어집니다. ▶

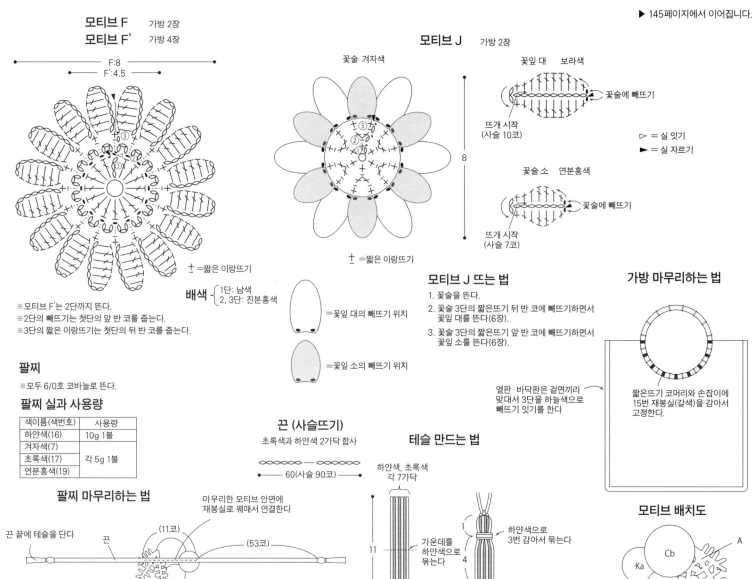

▶ 145페이지에서 이어집니다.

모티브 F 가방 2장
모티브 F' 가방 4장

F:8
F':4.5

③

모티브 J 가방 2장

꽃술 겨자색

③
②
①

꽃잎 대 보라색

꽃술에 빼뜨기

뜨개 시작
(사슬 10코)

8

▷ = 실 잇기
► = 실 자르기

꽃잎 소 연분홍색

꽃술에 빼뜨기

뜨개 시작
(사슬 7코)

† =짧은 이랑뜨기

† =짧은 이랑뜨기

※모티브 F'는 2단까지 뜬다.
※2단의 빼뜨기는 첫단의 앞 반 코를 줍는다.
※3단의 짧은 이랑뜨기는 첫단의 뒤 반 코를 줍는다.

배색 { 1단: 남색
       2, 3단: 진분홍색

=꽃잎 대의 빼뜨기 위치

=꽃잎 소의 빼뜨기 위치

모티브 J 뜨는 법
1. 꽃술을 뜬다.
2. 꽃술 3단의 짧은뜨기 뒤 반 코에 빼뜨기하면서 꽃잎 대를 뜬다(6장).
3. 꽃술 3단의 짧은뜨기 앞 반 코에 빼뜨기하면서 꽃잎 소를 뜬다(6장).

가방 마무리하는 법

짧은뜨기 코머리와 손잡이에 15번 재봉실(갈색)을 감아서 고정한다.

옆판·바닥판은 겉면끼리 맞대서 3단을 하늘색으로 빼뜨기 잇기를 한다

팔찌
※모두 6/0호 코바늘로 뜬다.

팔찌 실과 사용량

색이름(색번호)	사용량
하얀색(16)	10g 1볼
겨자색(7)	
초록색(17)	각 5g 1볼
연분홍색(19)	

끈 (사슬뜨기)
초록색과 하얀색 2가닥 합사

60(사슬 90코)

테슬 만드는 법

하얀색, 초록색 각 7가닥

11

가운데를 하얀색으로 묶는다

1
4

하얀색으로 3번 감아서 묶는다

잘라서 정리한다

모티브 배치도

A
Cb
Ka
Ka

※모티브를 안면에서 재봉실로 꿰맨다.

팔찌 마무리하는 법

마무리한 모티브 안면에 재봉실로 꿰매서 연결한다

끈 끝에 테슬을 단다

끈

(11코)

(53코)

70

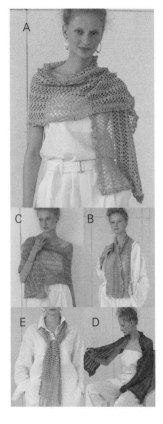

A
C
B
E
D

재료
올림포스 에미 그란데
[A] 황록색(252) 220g 5볼
[B] 잿빛 핑크(142) 100g 2볼, 연핑크(162) 50g 1볼
[C] 그레이(484) 255g 6볼
[D] 청록색(343) 255g 6볼
[E] 베이지(721) 155g 4볼

도구
코바늘 2/0호

완성 크기
[A] 폭 36cm, 길이 141cm
[B] 폭 24.5cm, 길이 119.5cm
[C] 폭 47cm, 길이 145cm
[D] 폭 39cm, 길이 144cm
[E] 폭 29.5cm, 길이 155cm(프린지 포함)

게이지
무늬뜨기 1무늬=4.4cm, 13.5단=10cm

POINT
●공통… 사슬뜨기 기초코로 뜨기 시작하고 무늬뜨기를 뜹니다. 마지막 단은 변칙이므로 도안을 참고하세요.
●A…둘레에 테두리뜨기 A를 뜹니다.
B…둘레에 테두리뜨기 B 줄무늬를 뜹니다.
C, E…둘레에 테두리뜨기 C를 뜹니다. E는 지정된 위치에 프린지를 답니다.
D…둘레에 테두리뜨기 D를 뜹니다.

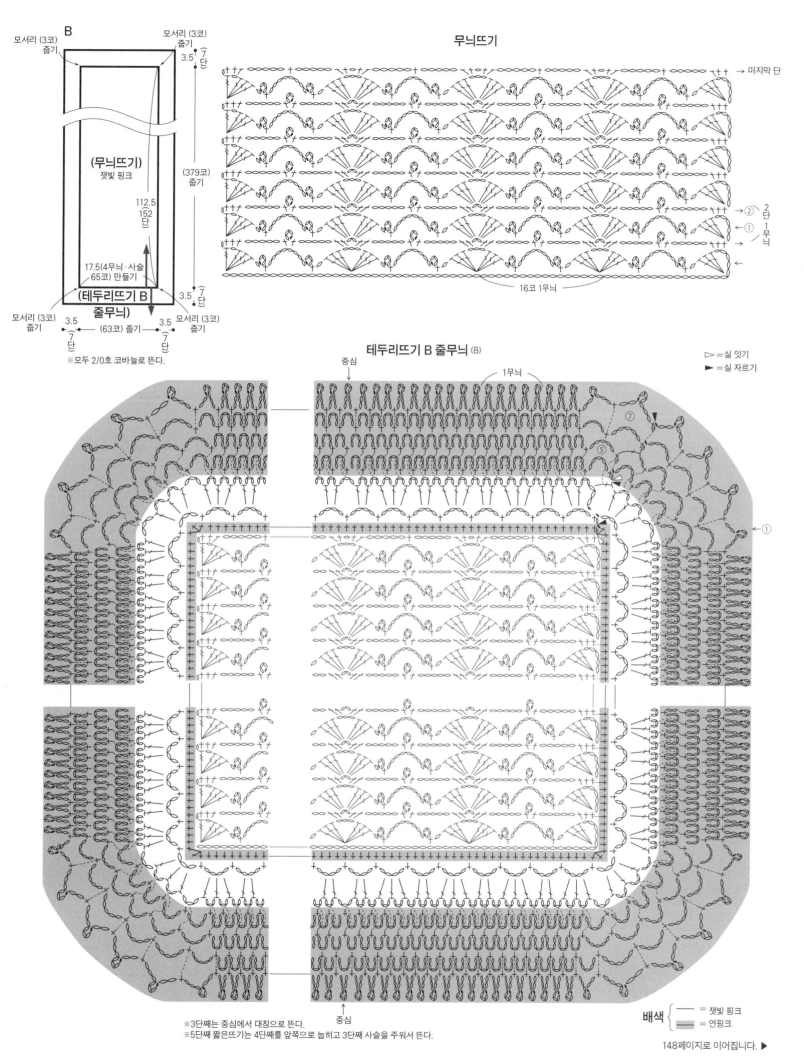

B

모서리 (3코) 줍기

모서리 (3코) 줍기

3.5 ⁷단

(379코) 줍기

(무늬뜨기) 잿빛 핑크

112.5 152 단

17.5(4무늬·사슬 65코) 만들기

(테두리뜨기 B 줄무늬)

3.5 ⁷단

모서리 (3코) 줍기

3.5 ⁷단

(63코) 줍기

3.5 ⁷단

모서리 (3코) 줍기

※모두 2/0호 코바늘로 뜬다.

무늬뜨기

→ 마지막 단

②
←① 2단 1무늬

←

16코 1무늬

테두리뜨기 B 줄무늬 (B)

중심

1무늬

⑦
⑤

←①

중심

▷ =실 잇기
► =실 자르기

※3단째는 중심에서 대칭으로 뜬다.
※5단째 짧은뜨기는 4단째를 앞쪽으로 눕히고 3단째 사슬을 주워서 뜬다.

배색 { — =잿빛 핑크
▨ =연핑크

148페이지로 이어집니다. ▶

▶ 147페이지에서 이어집니다.

A

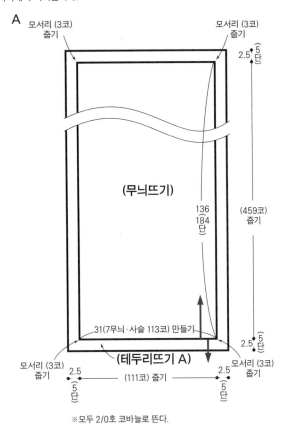

모서리 (3코) 줄기

(무늬뜨기)

모서리 (3코) 줄기

136
184
단

2.5 5단

(459코) 줄기

모서리 (3코) 줄기

31(7무늬·사슬 113코) 만들기

(테두리뜨기 A)

2.5 5단

모서리 (3코) 줄기

2.5
5단

(111코) 줄기

2.5
5단

모서리 (3코) 줄기

※모두 2/0호 코바늘로 뜬다.

D

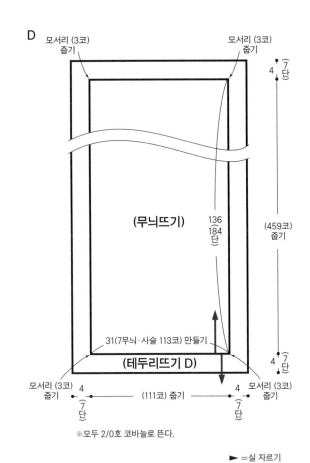

모서리 (3코) 줄기

(무늬뜨기)

모서리 (3코) 줄기

4 7단

136
184
단

(459코) 줄기

모서리 (3코) 줄기

31(7무늬·사슬 113코) 만들기

(테두리뜨기 D)

4 7단

모서리 (3코) 줄기

4
7단

(111코) 줄기

4
7단

모서리 (3코) 줄기

※모두 2/0호 코바늘로 뜬다.

▶ =실 자르기

테두리뜨기 A (A)

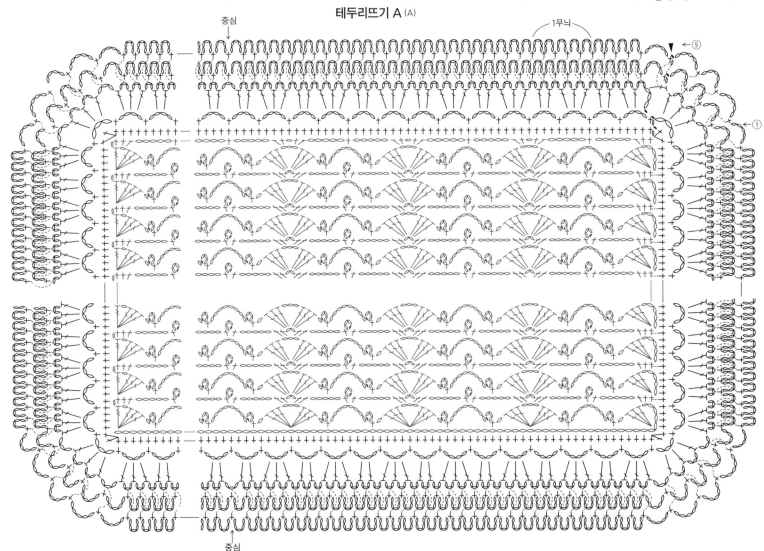

중심

1무늬

←⑤

①

중심

※3단째는 중심에서 대칭으로 뜬다.
※5단째 짧은뜨기는 4단째를 앞쪽으로 눕히고 3단째 사슬을 주워서 뜬다.

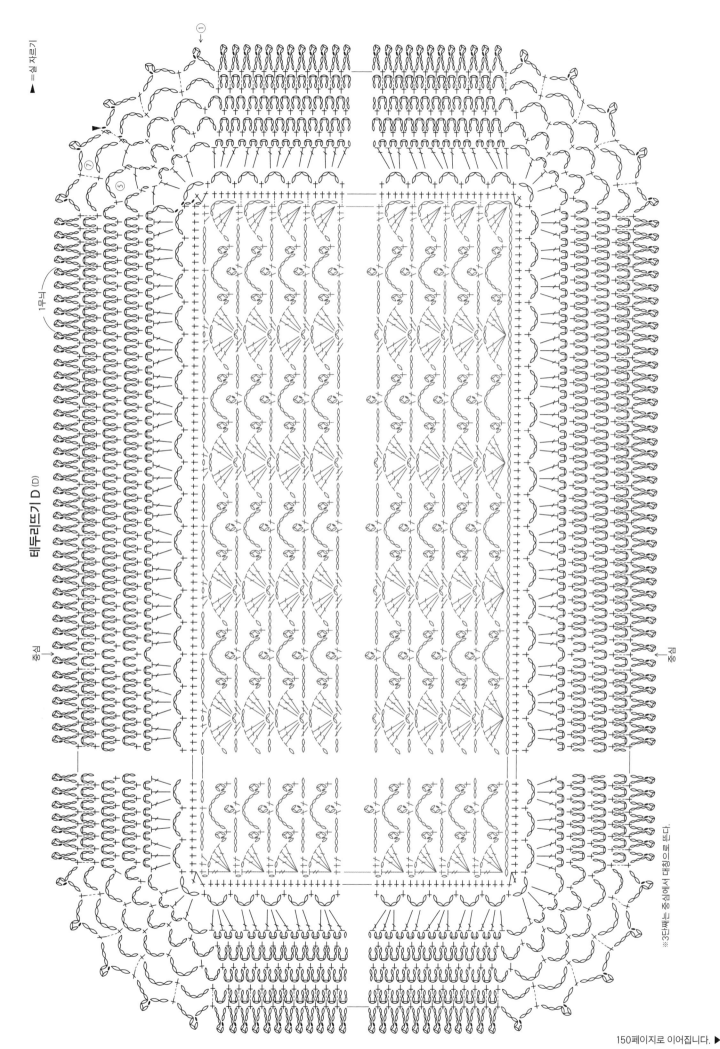

테두리뜨기 **D** (D)

중심 →

↔ 중심

1무늬

⑦

⑤

※3단째는 중심에서 대칭으로 뜬다.

150페이지로 이어집니다. ▶

▶ 149페이지에서 이어집니다.

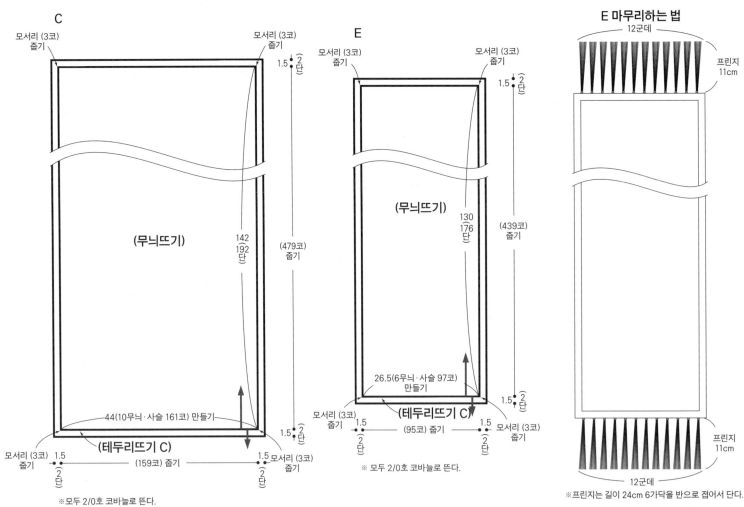

C

E 마무리하는 법

모서리 (3코) 줄기
모서리 (3코) 줄기

(무늬뜨기)

142 (192) 단

(479코) 줄기

44(10무늬·사슬 161코) 만들기

(테두리뜨기 C)

모서리 (3코) 줄기
1.5
2 단
(159코) 줄기
1.5
2 단
모서리 (3코) 줄기

※모두 2/0호 코바늘로 뜬다.

E

모서리 (3코) 줄기
모서리 (3코) 줄기

(무늬뜨기)

130 (176) 단

(439코) 줄기

26.5(6무늬·사슬 97코) 만들기

(테두리뜨기 C)

모서리 (3코) 줄기
1.5
2 단
(95코) 줄기
1.5
모서리 (3코) 줄기

※ 모두 2/0호 코바늘로 뜬다.

E 마무리하는 법

12군데

프린지 11cm

프린지 11cm

12군데

※프린지는 길이 24cm 6가닥을 반으로 접어서 단다.

테두리뜨기 C (C, E)

▶ = 실 자르기

8코 1무늬

←②
←①

10코 1무늬

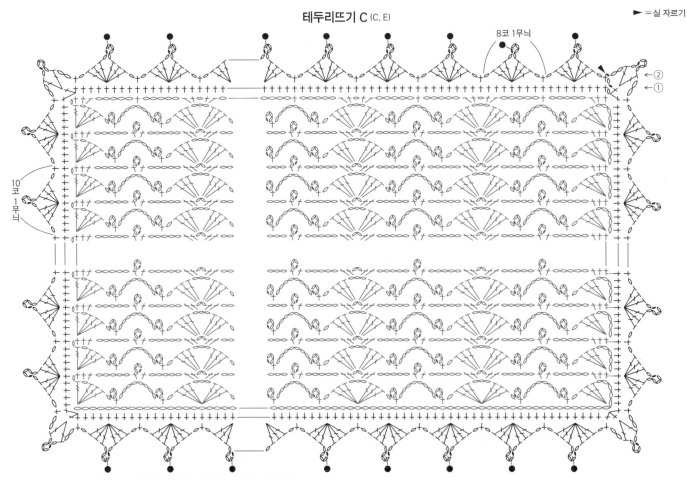

※2단째는 코에서 줍는 부분과 단에서 줍는 부분이 1무늬의 콧수가 다르다.

● = 프린지 다는 위치(E)

아라비스

재료
퍼피 아라비스 초록색(7622) 240g 6볼, 에크뤼
(6002) 90g 3볼, 연갈색(1644) 30g 1볼

도구
대바늘 7호·6호, 코바늘 7/0호

완성 크기
가슴둘레 96cm, 기장 58.5cm, 화장 34cm

게이지
메리야스뜨기(10×10cm) 19.5코×26.5단. 줄무늬
무늬뜨기 19.5코=10cm, 16단=4.5cm

POINT
●몸판…별도 사슬로 기초코를 만들어 뜨기 시작

해 메리야스뜨기, 줄무늬 무늬뜨기, 가터뜨기로 뜹니
다. 뜨개 끝은 덮어씌워 코막음합니다.
●마무리…마무리하는 법을 참고해 ★과 ★, ☆과
☆을 빼뜨기로 잇기를 해서 연결합니다. 옆선은 기
초코 사슬을 풀어 코를 주워 메리야스 잇기를 합
니다. 소맷부리는 지정 콧수를 주워 2코 고무뜨기
로 원형으로 뜹니다. 뜨개 끝은 겉뜨기는 겉뜨기
로, 안뜨기는 안뜨기로 떠서 덮어씌워 코막음합니
다. 밑단은 지정 콧수를 주워 2코 고무뜨기로 뜹니
다. 뜨개 끝은 소맷부리와 같은 방법으로 마무리합
니다.

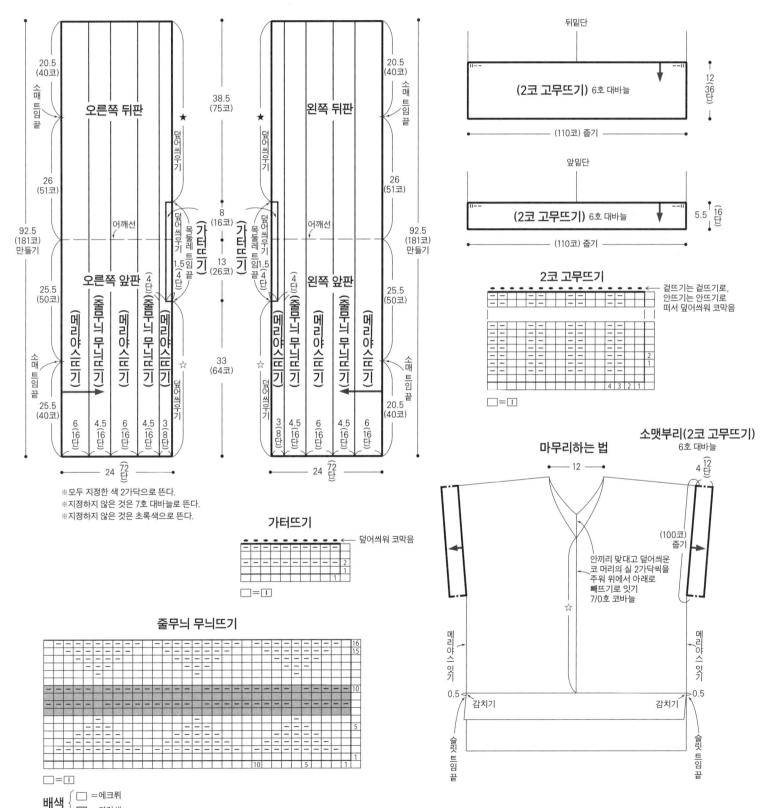

재료
호비라 호비레 코튼필 파인 네이비(27) 180g 8볼
도구
코바늘 4/0호
완성 크기
가슴둘레 144㎝, 기장 54㎝, 화장 36㎝
게이지
모티브 1변 18㎝

POINT
● 모티브 잇기로 뜹니다. 2번째 장부터는 마지막 단에서 옆 모티브와 빼뜨기로 연결하면서 뜹니다.

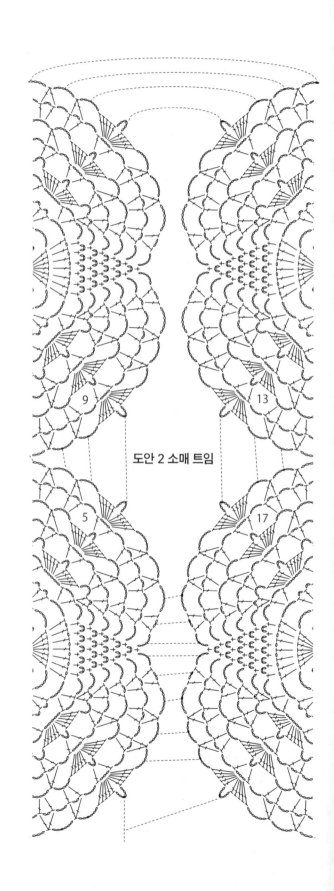

| 24 | 23 | 22 | 21 |
| 20 | 19 | 18 | 17 |

뒤판

| 16 | 15 | 14 | 13 |

27(1.5장)　　18(1장)　도안 1　27(1.5장)
목둘레 트임 끝

| 12 | 11 | 10 | 9 |

앞판
(모티브 잇기)

| 8 | 7 | 6 | 5 |
| 4 | 3 | 2 | 18　1 |

29
11
7
25
소매 트임 끝
25
7
도안 2
11
18
29

소매 트임 끝

72 (4장)

도안 2 소매 트임

※ 모두 4/0호 코바늘로 뜬다.
※ 모티브 안의 숫자는 연결하는 순서다.
※ 맞춤 표시는 꿰매서 잇는다.

모티브 24장

▶ =실 자르기

18

18

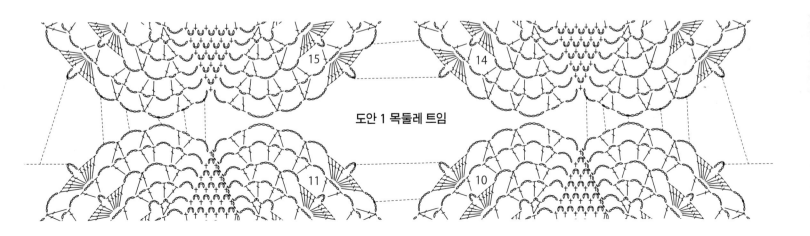

도안 1 목둘레 트임

154페이지로 이어집니다. ▶

▶ 153페이지에서 이어집니다.

모티브 연결하는 법

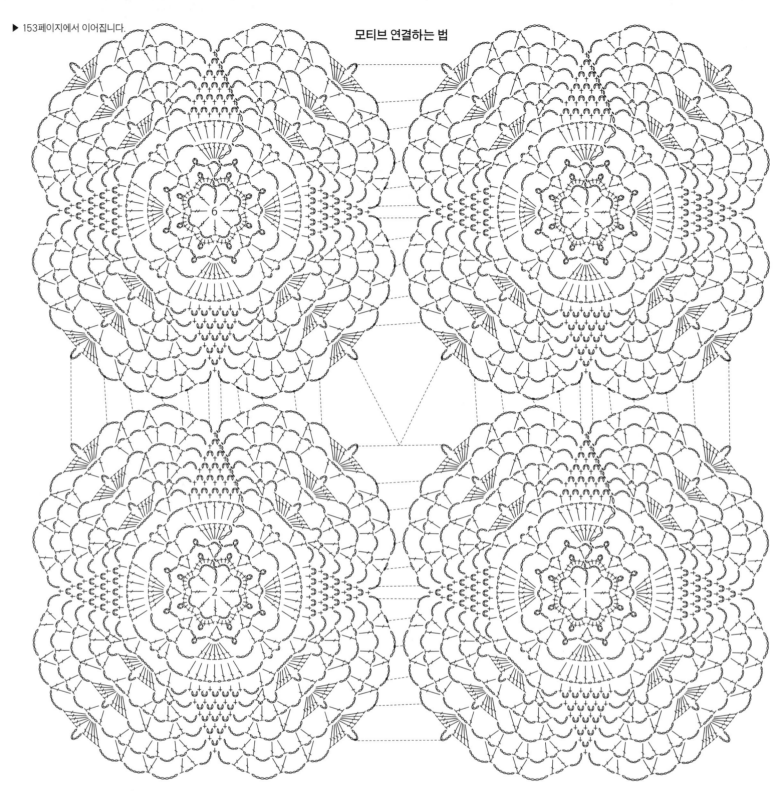

재료
올림포스 올림포스 25번 자수실, 에미 그란데 〈컬러즈〉. 색이름·색번호·사용량·부자재는 도안의 표를 참고하세요.

도구
레이스 바늘 0호

완성 크기
도안 참고

POINT
●도안을 참고해 각 부분을 뜹니다. 마무리하는 법을 참고해 완성합니다.

A, B

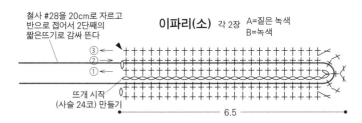

철사 #28을 20cm로 자르고
반으로 접어서 2단째의
짧은뜨기로 감싸 뜬다

이파리(소) 각 2장   A=짙은 녹색
B=녹색

③
②
①

뜨개 시작
(사슬 24코) 만들기

6.5

철사 #28을 20cm로 자르고
반으로 접어서 2단째의
짧은뜨기로 감싸 뜬다

이파리(대) 각 1장   A=짙은 녹색
B=녹색

③
②
①

뜨개 시작
(사슬 30코) 만들기

7.5

실 사용량과 부자재

	실이름	색이름(색번호)	사용량	부자재
A	25번 자수실	보라색(643)	5볼	36cm의 꽃철사 #28(녹색) 각 10개 #20(녹색) 각 2개
		진보라색(645)	4볼	
		짙은 녹색(277)	2볼	
		진갈색(745)	1.5볼	
		청록색(245)	1볼	
B	25번 자수실	연핑크(101)	5볼	수예용 솜 적당히 스프레이 풀 적당히
		진핑크(1031)	4볼	
		녹색(276)	2볼	
		갈색(744)	1.5볼	
		올리브색(288)	1볼	
공통	에미 그란데 〈컬러즈〉	베이지(732)	적당히	

※모두 레이스 바늘 0호로 뜬다.

뿌리 연결하는 법(A~E 공통)

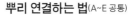

②루프에 실 끝을
통과시킨다

①실을 반으로 접어 코바늘로
지정된 위치의 위쪽에서
아래쪽으로 빼낸다

▷=실 잇기
▶=실 자르기

끝은 가지런히 하지 않다

꽃 각 22장

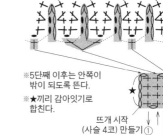

꽃잎

※5단째 이후는 안쪽이
밖이 되도록 뜬다.

※★끼리 감아잇기로
합친다.

꽃받침

뜨개 시작
(사슬 4코) 만들기 ①

철사 #28을 12cm로 자르고
반으로 접어서 3, 4단째의
짧은뜨기로 감싸 뜬다

배색

	A	B
──	보라색	연핑크
▨	진보라색	진핑크

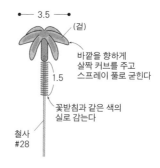

3.5

(겉)

바깥을 향하게
살짝 커브를 주고
스프레이 풀로 굳힌다

1.5

꽃받침과 같은 색의
실로 감는다

철사
#28

A, B의 마무리하는 법

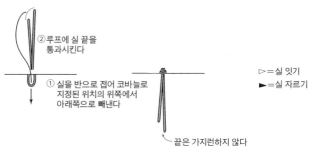

꽃
0.5

1.5

1.5

1.5

30

①철사 #20을 2개
반으로 접는다

②꽃의 철사를 자르지 않고
줄기의 철사와 합치면서
A는 청록색, B는 올리브색
실을 감는다

③이파리는 3개를
겹치듯이 합친다.
줄기에 감은 실로
고정시킨다

이파리
(소)

이파리
(대)

⑤철사 끝을 접어 구근에 넣고
감침질해 붙인다

4

구근

④뿌리는 구근의 지정된 위치에 연결하고,
구근 안에 솜을 채운다

실 끝에 스프레이 풀을 발라
흐트러지지 않게 고정한다

구근 각 1개   A=진갈색
B=갈색

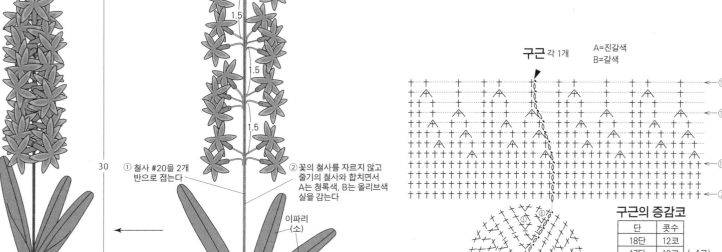

⑱
⑮
⑩
⑦

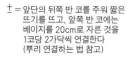

✝ = 앞단의 뒤쪽 반 코를 주워 짧은
뜨기를 뜨고, 앞쪽 반 코에는
베이지를 20cm로 자른 것을
1코당 2가닥씩 연결한다
(뿌리 연결하는 법 참고)

구근의 증감코

단	콧수	
18단	12코	
17단	12코	(−4코)
16단	16코	
15단	16코	(−4코)
14단	20코	(−4코)
13단	24코	(−4코)
12단	28코	(−4코)
11단	32코	(−4코)
7~10단	36코	
6단	36코	(+6코)
5단	30코	(+6코)
4단	24코	(+6코)
3단	18코	(+6코)
2단	12코	(+6코)
1단	6코	

156페이지로 이어집니다. ▶

▶ 155페이지에서 이어집니다.

C, D

실 사용량과 부자재

	공통	색이름(색번호)	사용량	부자재
C	25번 자수실	황록색(274)	2.5볼	36cm의 꽃철사 #26(흰색) 각 4개 #26(녹색) 각 3개
		노란색(543)	각 1.5볼	
		연갈색(736)		
		진황색(554)	1볼	
		연황록색(210)	0.5볼	
D	25번 자수실	진황록색(275)	2.5볼	수예용 솜 적당히 스프레이 풀 적당히
		흰색(850)	각 1.5볼	
		연갈색(736)		
		핑크(1121)	1볼	
		연황록색(210)	0.5볼	
공통	에미 그란데 〈컬러즈〉	베이지(732)	적당히	

※모두 레이스 바늘 0호로 뜬다.

▷ = 실 잇기
► = 실 자르기

꽃잎 바깥쪽 각 3장

철사 #26(흰색)을
반으로 접어
짧은뜨기로 감싸 뜬다

뜨개 시작
(사슬 18코 만들기)

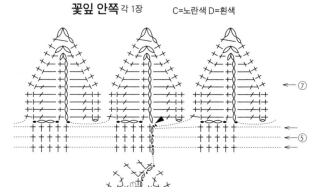

배색

	C	D
(굵은선)	노란색	흰색
(가는선)	진황색	핑크

5

이파리(소) 각 2장 C=황록색 D=진황록색

철사 #26(녹색)을
반으로 접어
짧은뜨기로 감싸 뜬다

뜨개 시작
(사슬 23코 만들기)

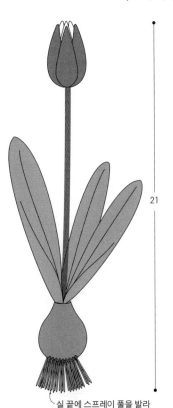

7.5

이파리(대) 각 1장 C=황록색 D=진황록색

철사 #26(녹색)을
반으로 접어
짧은뜨기로 감싸 뜬다

뜨개 시작
(사슬 36코 만들기)

9

꽃잎 안쪽 각 1장   C=노란색 D=흰색

꽃잎 안쪽의 늘림코

단	콧수
4~6단	15코
3단	15코 (+3코)
2단	12코 (+6코)
1단	6코

꽃잎 1개째는
옆 꽃잎 안쪽에,
2, 3개째는 바깥쪽에
꿰매 붙인다

※꽃잎 안쪽 중심에
철사를 통과시킨다.

철사 #26(흰색)을
반으로 접은 것

C, D의 마무리하는 법

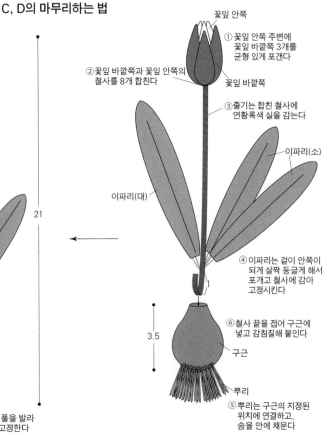

① 꽃잎 안쪽 주변에
꽃잎 바깥쪽 3개를
균형 있게 포갠다

꽃잎 안쪽

꽃잎 바깥쪽

② 꽃잎 바깥쪽과 꽃잎 안쪽의
철사를 8개 합친다

③ 줄기는 합친 철사에
연황록색 실을 감는다

이파리(소)

이파리(대)

④ 이파리는 겉이 안쪽이
되게 살짝 둥글게 해서
포개고 철사에 감아
고정시킨다

⑤ 뿌리는 구근의 지정된
위치에 연결하고,
솜을 안에 채운다

⑥ 철사 끝을 접어 구근에
넣고 감침질해 붙인다

구근

뿌리

실 끝에 스프레이 풀을 발라
흐트러지지 않게 고정한다

21

3.5

구근 각 1개 연갈색

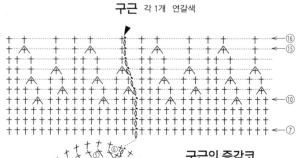

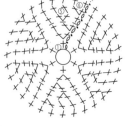

± =앞단 뒤쪽 반 코를 주워 짧은뜨기를
뜨고, 앞쪽 반 코에는 베이지를
7cm로 자른 것을 연결한다
(연결하는 법→P.155)

구근의 증감코

단	콧수	
16단	12코	
15단	12코	(-4코)
14단	16코	
13단	16코	(-4코)
12단	20코	(-4코)
11단	24코	(-4코)
10단	28코	(-4코)
7~9단	32코	
6단	32코	(+2코)
5단	30코	(+6코)
4단	24코	(+6코)
3단	18코	(+6코)
2단	12코	(+6코)
1단	6코	

E

실 사용량과 부자재(1개 분량)

실이름	색이름(색번호)	사용량	부자재
25번 자수실	흰색(801)	각 1볼	36cm의 꽃철사 #26(흰색) 3개 #26(녹색) 1개
	밝은 녹색(2022)		
	황토색(723)		
	진황록색(275)	각 0.5볼	수예용 솜 적당히 스프레이 풀 적당히
	연황록색(210)		
에미 그란데 〈컬러즈〉	베이지(732)	적당히	

※모두 레이스 바늘 0호로 뜬다.

▷＝ 실 잇기
►＝ 실 자르기

이파리(대) 1장 밝은 녹색

철사 #26(녹색)을 반으로 잘라 반으로 접어서 짧은뜨기로 감싸 뜬다

③←
②→
①→

뜨개 시작 (사슬 18코) 만들기

4.5

이파리(소) 1장 밝은 녹색

철사 #26(녹색)을 반으로 잘라 반으로 접어서 짧은뜨기로 감싸 뜬다

뜨개 시작 (사슬 12코) 만들기

①←
②→
③→

4

꽃잎 안쪽 **배색** ＝흰색 ＝진황록색

⑦
⑤
①

뜨개 시작 (사슬 3코) 만들기

※3단째는 2단째의 머리 앞쪽 1가닥을 주워서 뜬다.

※3단째 이후는 원형으로 뜬다.

꽃잎 바깥쪽 3장 흰색

철사 #26(흰색)을 반으로 접어 짧은뜨기로 감싸 뜬다

②

뜨개 시작 (사슬 8코) 만들기

꽃받침 1장 진황록색

포엽 1장 연황록색

①

뜨개 시작 (사슬 9코) 만들기

※뜨개 시작과 뜨개 끝의 실을 조금 길게 남긴다.

E의 마무리하는 법

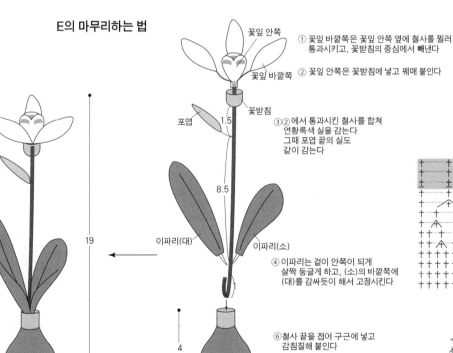

꽃잎 안쪽
꽃잎 바깥쪽
꽃받침
포엽
이파리(대)
이파리(소)
구근
뿌리
19
1.5
8.5
4

① 꽃잎 바깥쪽은 꽃잎 안쪽 옆에 철사를 찔러 통과시키고, 꽃받침의 중심에서 빼낸다

② 꽃잎 안쪽은 꽃받침에 넣고 꿰매 붙인다

③②에서 통과시킨 철사를 합쳐 연황록색 실을 감는다 그때 포엽 끝의 실도 같이 감는다

④ 이파리는 겉이 안쪽이 되게 살짝 둥글게 하고, (소)의 바깥쪽에 (대)를 감싸듯이 해서 고정시킨다

⑥철사 끝을 접어 구근에 넣고 감침질해 붙인다

⑤뿌리는 구근의 지정된 위치에 연결하고, 솜을 안에 채운다

실 끝에 스프레이 풀을 발라 흐트러지지 않게 고정한다

구근 1개 **배색** ＝연황록색 ＝황토색

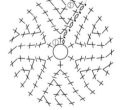

⑱
⑮
⑩
⑥

± = 앞단 뒤쪽 반 코를 주워 짧은뜨기를 뜬다 2단째의 앞쪽 반 코에는 베이지를 7cm로 자른 것을 연결한다 (연결하는 법→P.155)

구근의 증감코

단	콧수	
15~18단	8코	
14단	8코	(−4코)
13단	12코	
12단	12코	(−4코)
11단	16코	(−4코)
10단	20코	(−4코)
6~8단	28코	
5단	28코	(+4코)
4단	24코	(+6코)
3단	18코	(+6코)
2단	12코	(+6코)
1단	6코	

재료
DMC 에코 비타 388 리사이클 코튼 흰색(001)
300g 3볼, 파란색(107) 15g 1볼
도구
대바늘 6호·4호
완성 크기
가슴둘레 106cm, 어깨너비 45cm, 기장 55.5cm
게이지(10x10cm)
멍석뜨기 23코x32단, 무늬뜨기 27.5코x32단

POINT
●몸판…손가락으로 만드는 기초코로 뜨기 시작해 2코 고무뜨기줄무늬 A, 멍석뜨기, 무늬뜨기를 뜹니다. 줄임코는 2코 이상은 덮어씌우기, 1코는 가장자리 1코를 세우는 줄임코를 하되, 뒤판 목둘레선, 어깨 경사의 줄임코는 도안을 참고하세요.
●마무리…어깨는 덮어씌워 잇기, 옆선은 떠서 꿰매기를 합니다. 지정된 콧수를 주워 목둘레는 2코 고무뜨기줄무늬 B, 진동둘레는 2코 고무뜨기로 원형뜨기를 합니다. 마무리는 겉뜨기는 겉뜨기로 안뜨기는 안뜨기로 떠서 덮어씌워 코막음합니다.

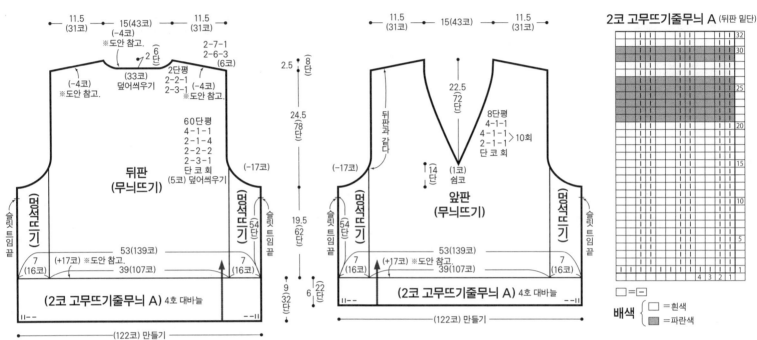

※지정하지 않은 것은 6호 대바늘로 뜬다.
※지정하지 않은 것은 흰색으로 뜬다.

무늬뜨기

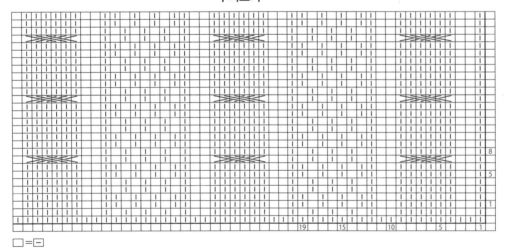

□=□

2코 고무뜨기줄무늬 A (뒤판 밑단)

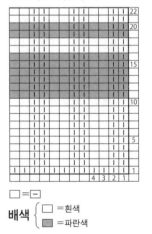

□=□
배색
□=흰색
■=파란색

2코 고무뜨기줄무늬 A (앞판 밑단)

□=□
배색
□=흰색
■=파란색

멍석뜨기

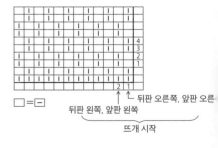

□=□

★ 개수는 작품을 선택하는 기준으로 참고해주세요. ★…초심자도 안심, ★★…자신이 조금 생겼다면, ★★★…끈기도 겸비한 중·상급자, ★★★★…솜씨에 자신 있음. 실은 실물 크기입니다.

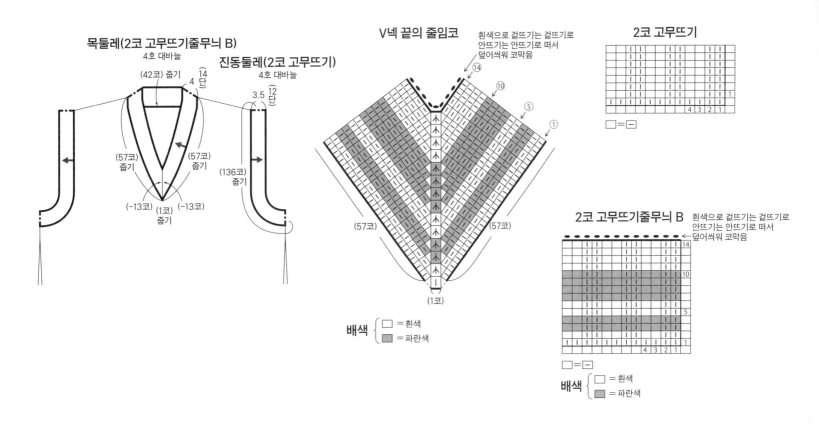

목둘레(2코 고무뜨기줄무늬 B)
4호 대바늘

(42코) 줍기

진동둘레(2코 고무뜨기)
4호 대바늘

14
단
4

(57코)
줍기

(57코)
줍기

3.5

12
단

(136코)
줍기

(-13코)

(1코)
줍기

(-13코)

V넥 끝의 줄임코

흰색으로 겉뜨기는 겉뜨기로
안뜨기는 안뜨기로 떠서
덮어씌워 코막음

⑭

⑩

⑤

①

(57코)

(57코)

(1코)

배색 { □ = 흰색
      ▨ = 파란색

2코 고무뜨기

1

4 3 2 1

□ = −

2코 고무뜨기줄무늬 B

흰색으로 겉뜨기는 겉뜨기로
안뜨기는 안뜨기로 떠서

← 덮어씌워 코막음

14

10

5

1

4 3 2 1

□ = −

배색 { □ = 흰색
      ▨ = 파란색

뒤판 밑단의 늘림코

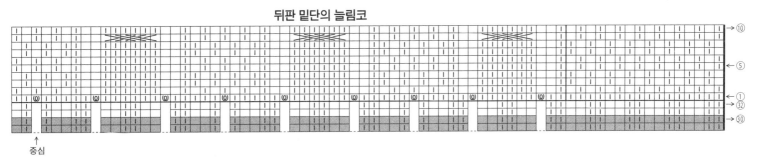

→ ⑩

← ⑤

→ ①
③②
③⑩

↑
중심

□ = −
[0] = 감아코

※중심에서 대칭으로 늘림코를 한다.
※앞판 밑단도 동일하게 뜬다.

뒤판 목둘레선과 어깨 경사 뜨는 법

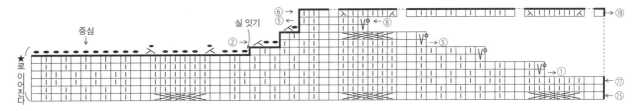

실 잇기

중심

⑥ →
⑤ ←
②

⑧ ←

⑥ ←
⑤ ←

②

→ ⑧

→ ⑤

→ ①

→ ⑦⑧

→ ⑦⑦
← ⑦⑤

★
로
이
어
진
다

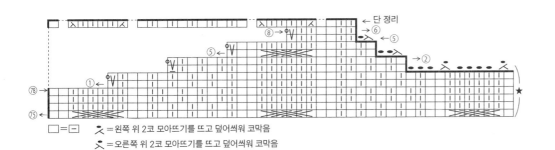

단 정리

⑧ → V

⑤ ← V

① → V

⑦⑧

⑦⑤

⑥ ←

⑤ ←

②

★

□ = −   ↗ = 왼쪽 위 2코 모아뜨기를 뜨고 덮어씌워 코막음
        ↖ = 오른쪽 위 2코 모아뜨기를 뜨고 덮어씌워 코막음

159

재료
데오리야 울 N 에크뤼(29) 250g, 남색(35) 15g
도구
대바늘 4호
완성 크기
가슴둘레 80cm, 어깨너비 35cm, 기장 56.5cm
게이지(10x10cm)
무늬뜨기 C 22코x34단, 배색무늬뜨기 22코x27.5단
POINT
●몸판…코바늘로 만드는 대바늘 기초코로 뜨기 시작하고, 밑단을 앞뒤 각각 무늬뜨기 A로 뜹니다. 이어서 뒤판 밑단 위에 앞판 밑단을 3코씩 포개서 코를 줍고, 무늬뜨기 B, C를 앞뒤 이어서 원형뜨기를 합니다. 진동둘레에서 위는 앞뒤를 나눠서 무늬뜨기 C와 배색무늬뜨기를 합니다. 진동둘레, 목둘레선의 줄임코는 2코 이상은 덮어씌우기, 1코는 가장자리 1코를 세우는 줄임코를 하되, 목둘레선 중심 코와 어깨의 뜨개 끝 코는 쉼코를 합니다.
●마무리…어깨는 에크뤼로 메리야스 잇기를 합니다. 진동둘레는 무늬뜨기 D를 원형뜨기합니다. 마무리는 겉뜨기는 겉뜨기로 안뜨기는 안뜨기로 떠서 덮어씌워 코막음을 합니다. 목둘레는 지정된 콧수를 주워 무늬뜨기 E를 원형뜨기합니다. 마무리는 161페이지를 참고해서 신축성 있는 덮어씌워 코막음을 합니다.

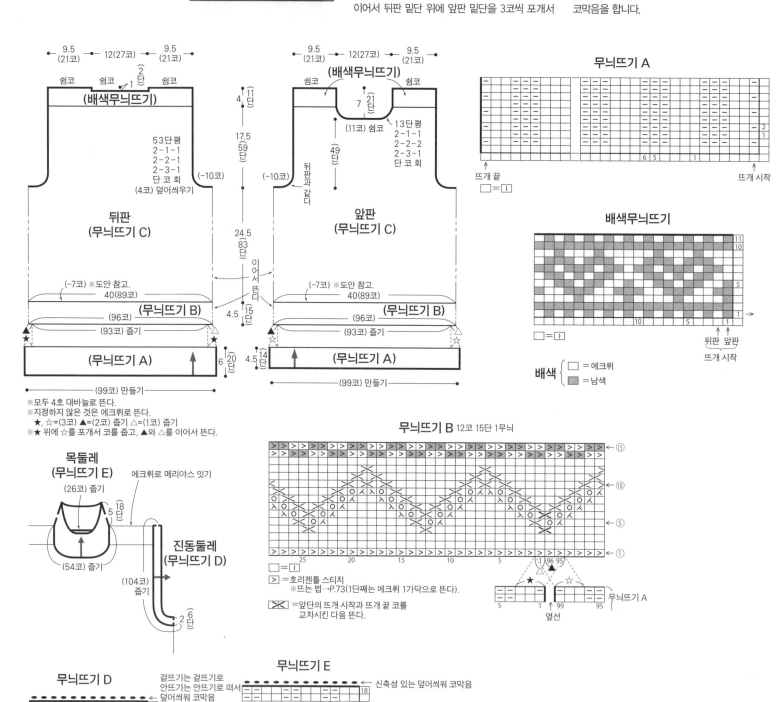

무늬뜨기 A

배색무늬뜨기

□=1

배색 { □ =에크뤼 / ▨ =남색 }

※모두 4호 대바늘로 뜬다.
※지정하지 않은 것은 에크뤼로 뜬다.
★, ☆=(3코) ▲=(2코) 줄기 △=(1코) 줄기
※★ 위에 ☆를 포개서 코를 줍고, ▲와 △를 이어서 뜬다.

목둘레
(무늬뜨기 E)
(26코) 줍기
에크뤼로 메리야스 잇기
(54코) 줍기
진동둘레
(무늬뜨기 D)
(104코) 줍기

무늬뜨기 B 12코 15단 1무늬

□=1
> =호리젠틀 스티치
※뜨는 법→P.73(1단째는 에크뤼 1가닥으로 뜬다).
⊠ =앞단의 뜨개 시작과 뜨개 끝 코를 교차시킨 다음 뜬다.

무늬뜨기 A
옆선

무늬뜨기 D
□=1
> =호리젠틀 스티치
※뜨는 법→P.73
배색 { □ =에크뤼 / ▨ =남색 }

무늬뜨기 E
겉뜨기는 겉뜨기로 안뜨기는 안뜨기로 떠서 덮어씌워 코막음
신축성 있는 덮어씌워 코막음
□=1

무늬뜨기 C

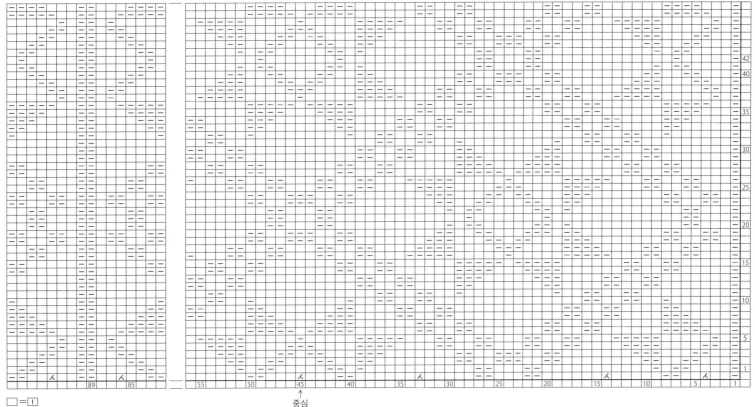

□ = □
※중심에서 대칭으로 뜬다.

중심

무늬뜨기 B ⟨도안⟩ 뜨는 법

1 6단째, 왼쪽 위 2코 모아뜨기와 걸기코를 한 모습.

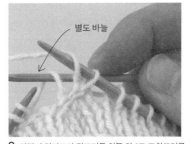

별도 바늘

2 앞단의 걸기코와 겉뜨기를 왼쪽 위 1코 교차뜨기를 한다. 앞단의 걸기코를 별도 바늘에 옮긴다.

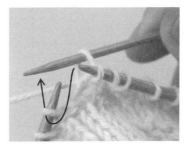

3 별도 바늘에 옮긴 걸기코를 뒤쪽에 두고, 다음 코를 겉뜨기한다.

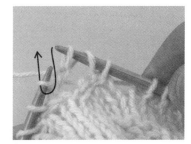

4 별도 바늘에 옮겨둔 걸기코를 왼바늘에 옮기고 겉뜨기한다.

신축성 있는 덮어씌워 코막음 뜨는 법

5 왼쪽 위 1코 교차뜨기를 떴다. 도안대로 떠 나간다.

1 겉뜨기를 2코 뜬다.

2 2코는 왼바늘에 옮긴다.

3 2코 뒤쪽에 바늘을 넣고,

4 한꺼번에 겉뜨기한다.

5 다음 코를 안뜨기(마지막 단의 코와 같다)로 뜬다.

6 마찬가지로 왼바늘에 옮기고, 2코를 한꺼번에 겉뜨기한다.

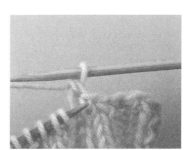

7 미지막 단의 코와 같은 코를 뜨면서 5, 6을 반복한다.

161

피마 데님

**돌려 중심
3코 모아뜨기**

※ 일본어 사이트

재료
퍼피 피마 데님 인디고블루(159) 315g 8볼, 하얀
색(200) 25g 1볼
도구
대바늘 4호·3호
완성 크기
가슴둘레 136㎝, 어깨너비 62㎝, 기장 69.5㎝
게이지(10x10㎝)
줄무늬 메리야스뜨기 A, 메리야스뜨기 24코×29
단
POINT
●몸판…손가락에 실을 걸어서 기초코를 만들어

뜨기 시작해 돌려 1코 고무뜨기, 줄무늬 메리야스
뜨기 A, 메리야스뜨기로 뜹니다. 줄임코는 2코 이
상은 덮어씌우기, 1코는 가장자리 1코 세워 줄이
기를 합니다. 늘림코는 1코 안쪽에서 돌려뜨기 늘
림코를 합니다.
●마무리…어깨는 덮어씌워 잇기, 옆선은 떠서 꿰
매기를 합니다. 목둘레는 지정 콧수를 주워 줄무늬
메리야스뜨기 B와 돌려 1코 고무뜨기로 뜨는데,
뒤목둘레의 분산 줄임코는 도안을 참고하세요. 뜨
개 끝의 돌려뜨기는 돌려뜨기로, 안뜨기는 안뜨기
로 떠서 덮어씌워 코막음합니다. 진동둘레는 줄무
늬 돌려 1코 고무뜨기로 원형으로 뜹니다. 뜨개 끝
은 목둘레와 같은 방법으로 정리합니다.

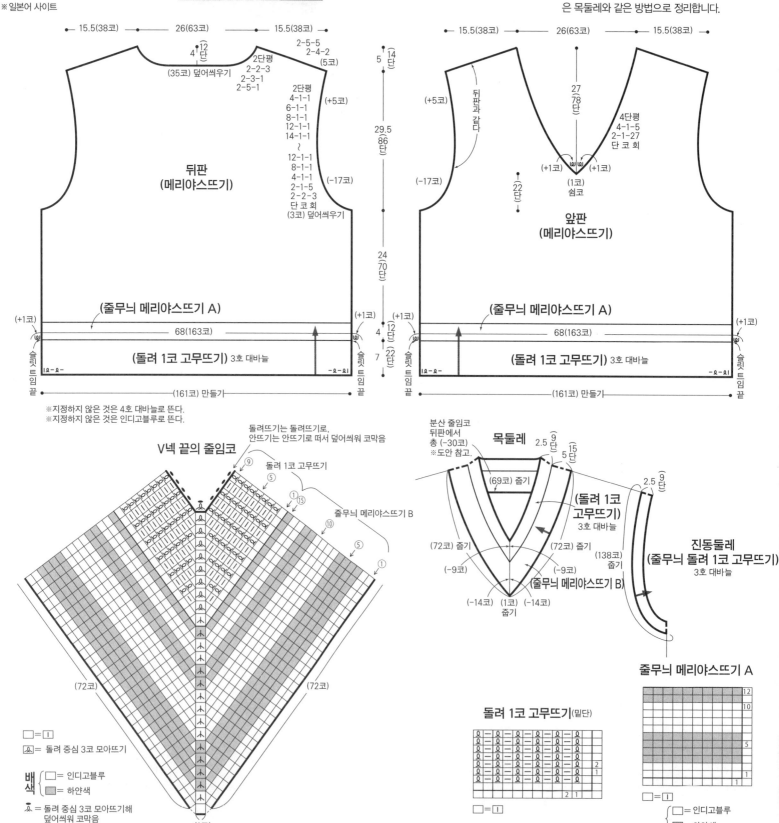

※지정하지 않은 것은 4호 대바늘로 뜬다.
※지정하지 않은 것은 인디고블루로 뜬다.

뒤판
(메리야스뜨기)

앞판
(메리야스뜨기)

(줄무늬 메리야스뜨기 A)

(돌려 1코 고무뜨기) 3호 대바늘

(161코) 만들기

V넥 끝의 줄임코

돌려뜨기는 돌려뜨기로,
안뜨기는 안뜨기로 떠서 덮어씌워 코막음

돌려 1코 고무뜨기

줄무늬 메리야스뜨기 B

(72코)　(72코)

(1코)

□ = ⊥
🀫 = 돌려 중심 3코 모아뜨기

배색
□ = 인디고블루
▨ = 하얀색

🀫 = 돌려 중심 3코 모아뜨기해
　　덮어씌워 코막음

분산 줄임코
뒤판에서
총 (−30코)
※도안 참고.

목둘레

(69코) 줍기

(돌려 1코
고무뜨기)
3호 대바늘

(72코) 줍기　(72코) 줍기
(−9코)　　(−9코)
(줄무늬 메리야스뜨기 B)
(−14코)(1코)(−14코)
　　줍기

진동둘레
(줄무늬 돌려 1코 고무뜨기)
3호 대바늘

(138코)
줍기

줄무늬 메리야스뜨기 A

돌려 1코 고무뜨기(밑단)

□ = ⊥

□ = 인디고블루
▨ = 하얀색

162

코튼 셀리

재료
호비라 호비레 코튼 셀리 에크뤼(10) 60g 2볼, 베이지(21) 60g 2볼, 하늘색(20) 20g 1볼, 진회색(22) 20g 1볼, 노란색(01) 20g 1볼

도구
코바늘 5/0호

완성 크기
폭 31.5cm, 높이 18.5cm

게이지
모티브 크기는 도안 참고

POINT
●모티브는 도안을 참고해서 지정된 장수를 뜹니다. 모티브는 도안을 참고해서 연결합니다. 도안을 참고해서 입구와 손잡이를 줄무늬 짧은뜨기를 합니다.

가방
(모티브 잇기)

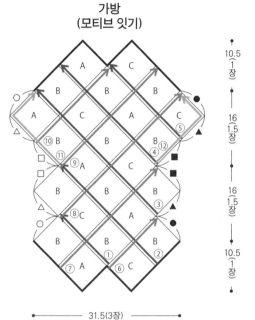

31.5(3장)

※모두 5/0호 코바늘로 뜬다.
※옆에 맞닿는 모티브, 맞춤 표시는 에크뤼로 연결한다.
(화살표는 연결하는 방향, 숫자는 연결하는 순서다.)

모티브 A, B, C

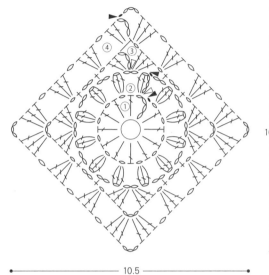

= 한길 긴 3코 팝콘뜨기

모티브 배색과 장수

	1단	2단	3, 4단	장수
A	노란색	에크뤼	하늘색	6장
B			베이지	12장
C			진회색	6장

▷ = 실 잇기
► = 실 자르기

입구, 손잡이
(줄무늬 짧은뜨기)

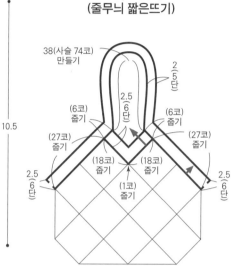

※옆선의 입구 1단부터 계속해서 손잡이 사슬을 (74코) 만든다.

164페이지로 이어집니다. ▶

뒤목둘레 분산증감코

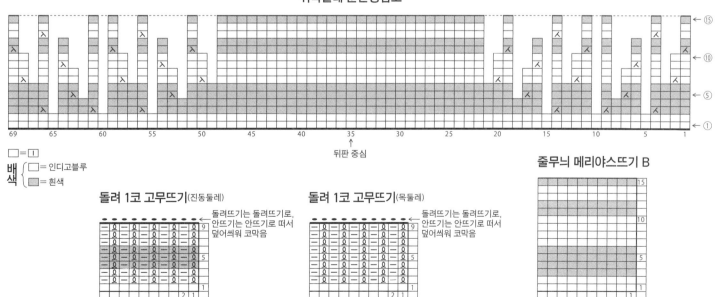

뒤판 중심

□ = □
배색 { □ = 인디고블루
□ = 흰색 }

돌려 1코 고무뜨기 (진동둘레)
돌려뜨기는 돌려뜨기로, 안뜨기는 안뜨기로 떠서 덮어씌워 코막음

□ = □

돌려 1코 고무뜨기 (목둘레)
돌려뜨기는 돌려뜨기로, 안뜨기는 안뜨기로 떠서 덮어씌워 코막음

□ = □

줄무늬 메리야스뜨기 B

□ = □

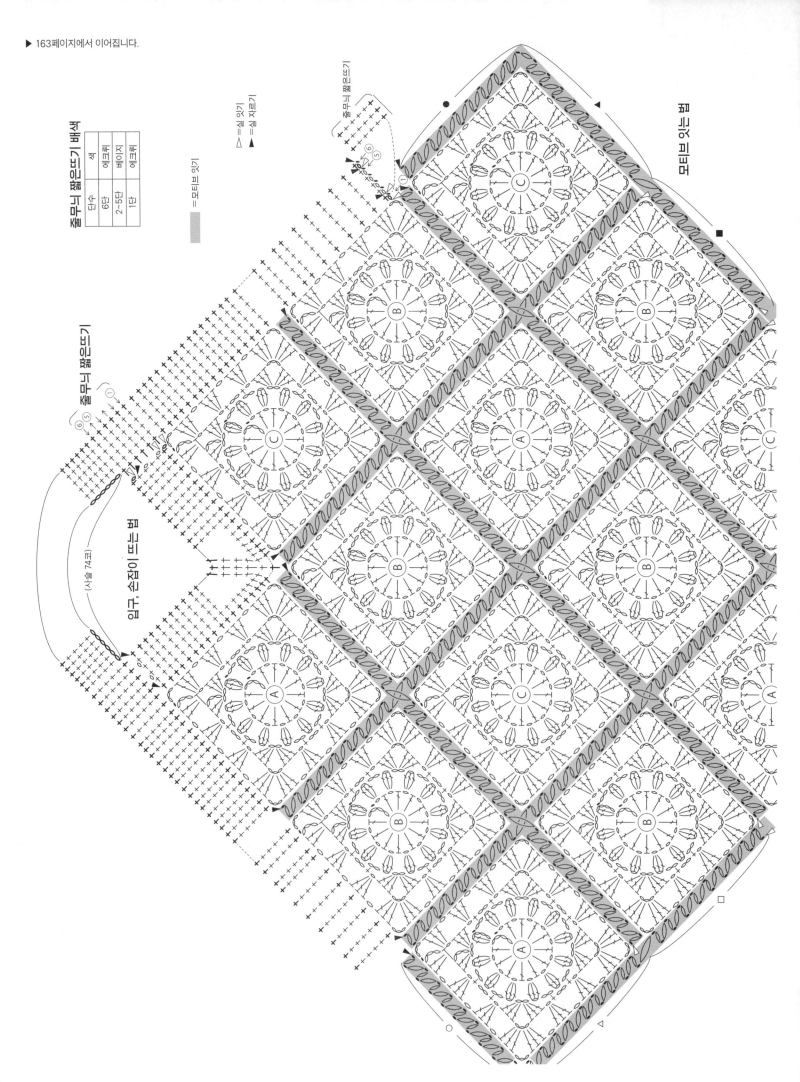

▶ 163페이지에서 이어집니다.

돌려 왼코 겹쳐
2코 모아뜨기

※일본어 사이트

돌려 오른코 겹쳐
2코 모아뜨기

※일본어 사이트

재료
실…다이아몬드케이토 다이아 씨엘로 잿빛 연보라
색(102) 260g 9볼
단추…지름 15mm 6개

도구
대바늘 5호·3호

완성 크기
가슴둘레 108.5cm, 어깨너비 46cm, 기장 50cm, 소매 기장 36cm

게이지(10x10cm)
무늬뜨기 A 28코×35단, B 28코×34단

POINT
●몸판·소매…별도 사슬로 기초코를 만들어 뜨기

시작해 무늬뜨기 A ·B로 뜹니다. 무늬뜨기 A의 마지막 5단은 불규칙해지므로 도안을 참고해 뜹니다. 줄임코는 덮어씌우기로 하는데, 앞목둘레의 줄임코는 도안을 참고해 뜹니다. 밑단·소맷부리는 기초코 사슬을 풀어 코를 주워 가터뜨기로 뜹니다. 뜨개 끝은 안뜨기하면서 느슨하게 덮어씌워 코막음합니다.

●마무리…어깨는 덮어씌워 잇기를 합니다. 앞단·목둘레는 지정 콧수를 주워 테두리뜨기로 뜹니다. 모서리의 늘림코는 도안을 참고해 뜨고 오른쪽 앞단에는 단춧구멍을 냅니다. 뜨개 끝은 돌려 1코 고무뜨기 코막음을 합니다. 소매는 코와 단 잇기로 몸판과 연결합니다. 옆선·소매 밑선은 떠서 꿰매기를 합니다. 단추를 달아 마무리합니다.

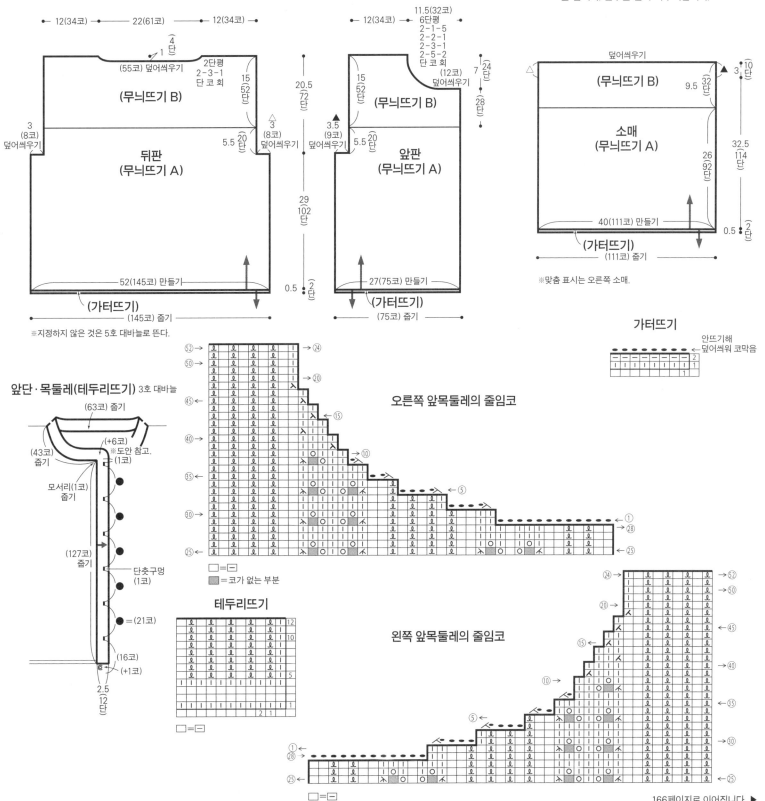

166페이지로 이어집니다. ▶

165

▶ 165페이지에서 이어집니다.

무늬뜨기 A·B

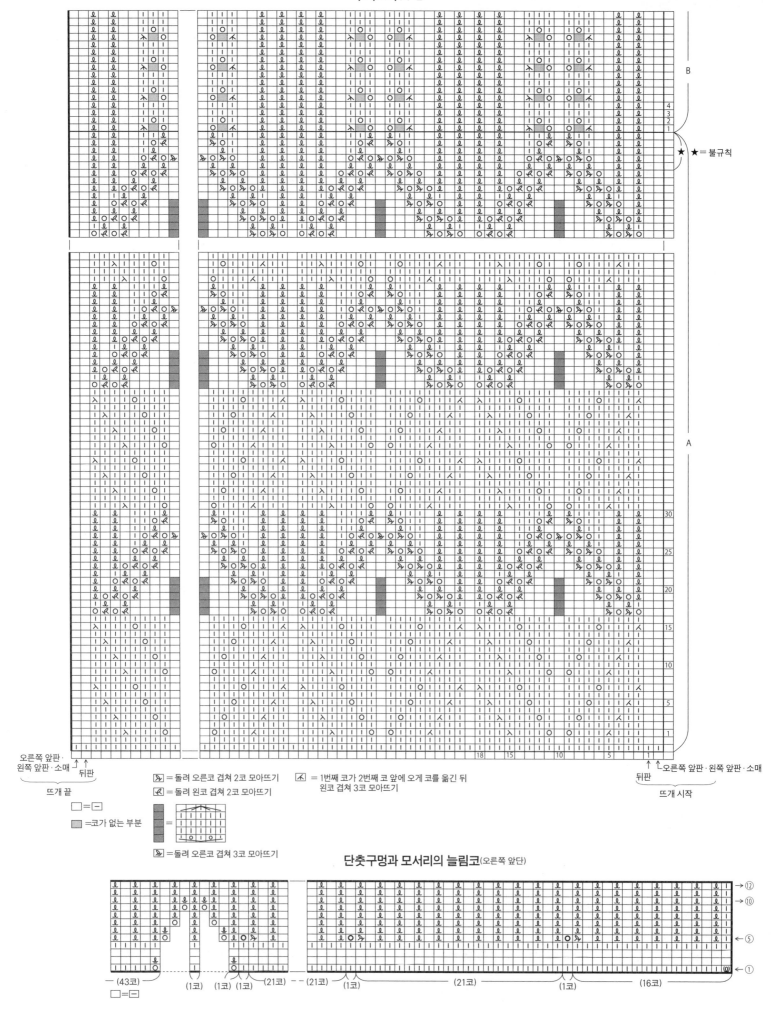

B

★ = 불규칙

A

30

25

20

15

10

5

1

오른쪽 앞판·
왼쪽 앞판·소매 → 뒤판

뜨개 끝

↑ 뒤판 오른쪽 앞판·왼쪽 앞판·소매

뜨개 시작

☒ = 돌려 오른코 겹쳐 2코 모아뜨기   ☒ = 1번째 코가 2번째 코 앞에 오게 코를 옮긴 뒤
☒ = 돌려 왼코 겹쳐 2코 모아뜨기   왼코 겹쳐 3코 모아뜨기

☐ = ▢

▨ =코가 없는 부분

☒ = 돌려 오른코 겹쳐 3코 모아뜨기

단춧구멍과 모서리의 늘림코(오른쪽 앞단)

→ ⑫
→ ⑩
← ⑤
← ①

—(43코)— (1코) (1코)(1코) (21코) — (21코) (1코) —(21코)— (1코) —(16코)—

☐ = ▢

166

카펠리니

재료
실…K's K 카펠리니 겨자색(180) 320g 7볼
싸개 단추용 심지…지름 8mm 7개

도구
코바늘 4/0호

완성 크기
가슴둘레 94.5㎝, 기장 47㎝, 화장 53㎝

게이지(10x10cm)
모티브 크기는 도안 참고

POINT
●몸판·소매…모티브 잇기로 모티브 A~E를 뜹니다. 2번째 장부터는 마지막 단에서 옆 모티브와 연결하며 뜹니다. 이어서 도안을 참고해 모티브의 빈

곳에 모티브 a~f를 뜹니다. 소매의 지정 위치에서 코를 주워 무늬뜨기 B를 뜹니다.
●마무리…어깨는 사슬뜨기와 빼뜨기로 잇기를 합니다. 앞단·칼라 받침은 짧은뜨기, 밑단은 테두리뜨기 A로 뜹니다. 오른쪽 앞단에는 단춧구멍을 냅니다. 진동둘레는 테두리뜨기 B로 뜹니다. 칼라는 도안을 참고해 무늬뜨기 B로 분산 늘림코를 하면서 뜨고 둘레에 테두리뜨기 A를 뜹니다. 소매는 진동둘레 쪽에 테두리뜨기 C를 2단 뜨고 테두리뜨기 A와 테두리뜨기 C의 3단을 이어서 뜨는데, 테두리뜨기 C의 3단에서 진동둘레와 연결하면서 뜹니다. 싸개 단추를 뜨고 왼쪽 앞단에 달아 마무리합니다.

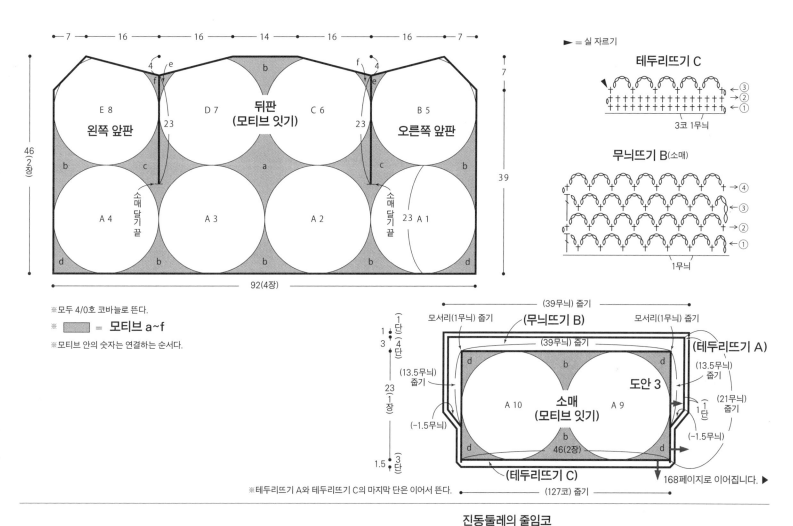

※모두 4/0호 코바늘로 뜬다.
※ ▨ = 모티브 a~f
※모티브 안의 숫자는 연결하는 순서다.

► = 실 자르기

테두리뜨기 C
3코 1무늬

무늬뜨기 B(소매)
1무늬

(39무늬) 줍기
모서리(1무늬) 줍기
(무늬뜨기 B)
(39무늬) 줍기
모서리(1무늬) 줍기
(테두리뜨기 A)
(13.5무늬) 줍기
(13.5무늬) 줍기
(21무늬) 줍기
도안 3
소매
(모티브 잇기)
A 10   A 9
(-1.5무늬)
(-1.5무늬)
46(2장)
(테두리뜨기 C)
168페이지로 이어집니다. ►
※테두리뜨기 A와 테두리뜨기 C의 마지막 단은 이어서 뜬다.
(127코) 줍기

진동둘레의 줄임코

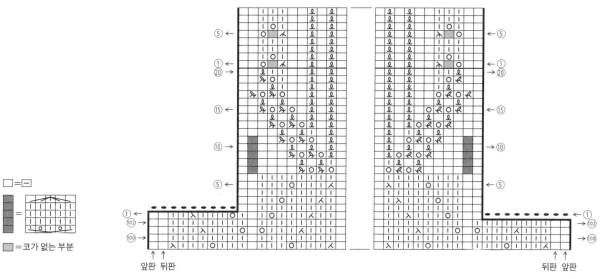

□=⊟
= 코가 없는 부분

앞판 뒤판   뒤판 앞판

▶ 167페이지에서 이어집니다.

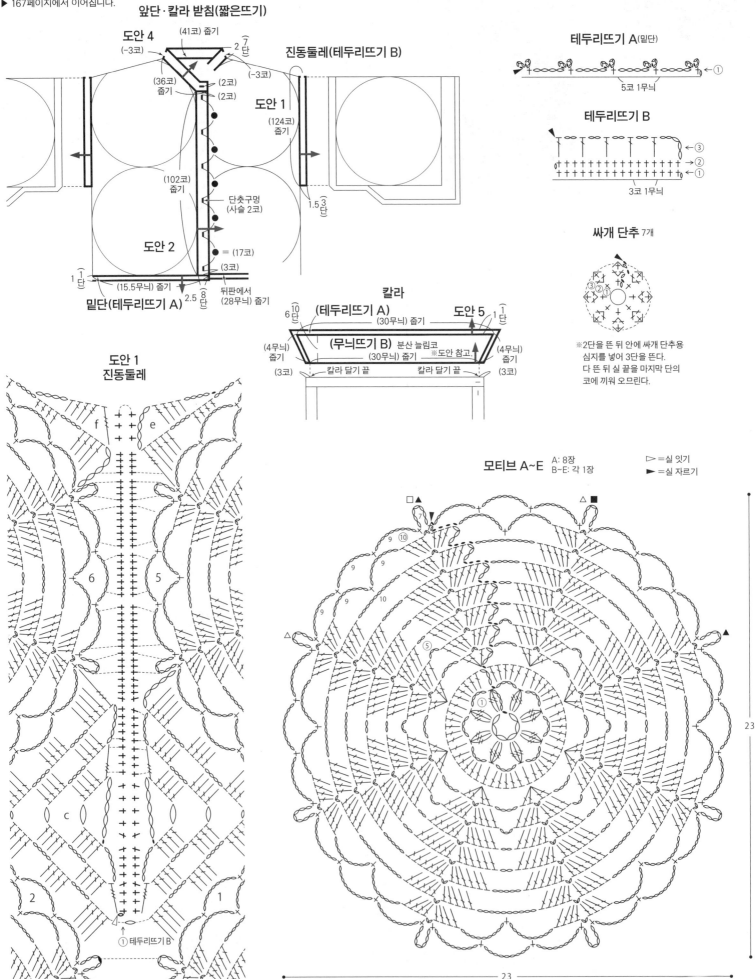

앞단·칼라 받침(짧은뜨기)

도안 4
(41코) 줄기
(-3코)
2
7
단
(36코)
줄기
(2코)
(2코)
(-3코)

진동둘레(테두리뜨기 B)

도안 1
(124코)
줄기

도안 2
(102코)
줄기

단춧구멍
(사슬 2코)

= (17코)
(3코)

밑단(테두리뜨기 A)
1
1
단
(15.5무늬) 줄기
2.5
8
단
뒤판에서
(28무늬) 줄기

1.5
3
단

테두리뜨기 A(밑단)
①
5코 1무늬

테두리뜨기 B
③
②
①
3코 1무늬

싸개 단추 7개
③②①

※2단을 뜬 뒤 안에 싸개 단추용
심지를 넣어 3단을 뜬다.
다 뜬 뒤 실 끝을 마지막 단의
코에 끼워 오므린다.

칼라
(테두리뜨기 A)
6
10
단
(30무늬) 줄기
도안 5
1
1
단
(무늬뜨기 B) 분산 늘림코
(4무늬)
줄기
(30무늬) 줄기
※도안 참고
(4무늬)
줄기
(3코)
칼라 달기 끝
칼라 달기 끝
(3코)

도안 1
진동둘레

f e
6 5
c
2 1
① 테두리뜨기 B

모티브 A~E
A: 8장
B~E: 각 1장
▷ =실 잇기
► =실 자르기

□ ▲
△ ■
7
9 ⑩
9
9
10
9
9
△
⑤
▲

23

23

※모티브 B~E는 10단의 지정한 사슬을 뜨지 않는다.
모티브 B=▲
모티브 D=□
모티브 C=■
모티브 E=△

도안 3 소매

무늬뜨기 B
④
③
②
①

△ = 실 잇기
▲ = 실 자르기

① 테두리뜨기 A
파라리비기 B
③
②
①

=

무늬뜨기 B

9

b

10

b

d

d

① 테두리뜨기 C는 2단을 뜬 뒤 3단은 테두리뜨기 A에 이어 뜬다.

③
②
①
파라리비기 C

170페이지로 이어집니다. ▶

▶ 169페이지에서 이어집니다.

모티브 잇는 법

짧은뜨기

⊳ =실 잇기
► =실 자르기

소매 달기 끝

단추구멍

도안 2 밑단

테두리뜨기 A

172페이지로 이어집니다. ▶

▶ 171페이지에서 이어집니다.

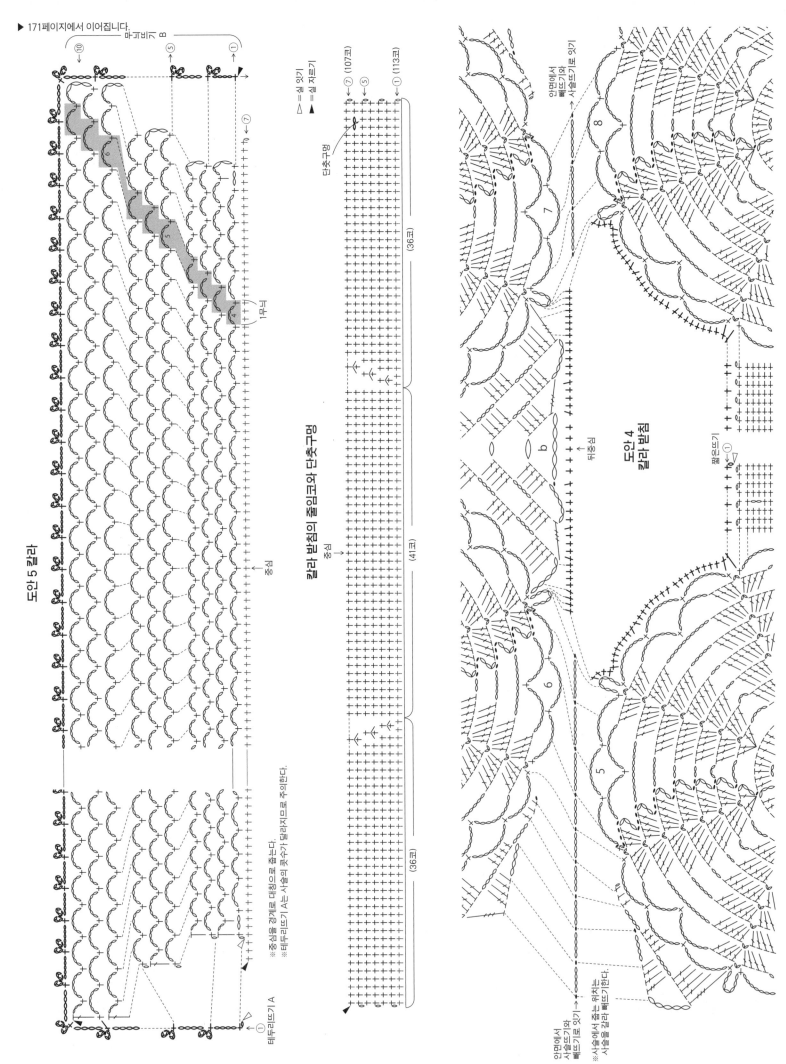

도안 5 칼라

마고비기 B

도안 4
칼라 받침

칼라 받침의 줄임코와 단춧구멍

단춧구멍

△ = 실 잇기
▲ = 실 자르기

※중심을 경계로 대칭으로 줍는다.
※테두리뜨기 A는 사슬의 콧수가 달라지므로 주의한다.

테두리뜨기 A

중심

1무늬

인면에서
사슬뜨기와
빼뜨기로 잇기

인면에서 빼뜨기와
사슬뜨기로 잇기

뒤중심

※사슬에서 줍는 위치는
사슬을 갈라 빼뜨기한다.

※사슬에서 줍는 위치는
사슬을 갈라 빼뜨기한다.

짧은뜨기

172

재료
K's K 카펠리니 심녹색(17) 230g 5볼

도구
코바늘 4/0호

완성 크기
가슴둘레 98cm, 기장 39cm, 화장 47.5cm

게이지(10x10cm)
무늬뜨기 A 29코×10단

POINT
●몸판·소매…몸판은 조각 A·B·C를 무늬뜨기 A로 지정 장수만큼 뜹니다. 조각 D·E는 옆쪽 조각과 연결하며 무늬뜨기 B로 뜹니다. 안면을 겉으로 사용하는 경우에도 도안을 참고해 똑같이 뜹니다. 어깨는 사슬뜨기와 빼뜨기로 잇기를 합니다. 밑단과 목둘레의 지정 위치에 사슬뜨기를 떠서 정돈합니다. 소매는 지정 위치에서 코를 주워 무늬뜨기 A로 원형으로 왕복뜨기합니다. 이어서 짧은뜨기를 원형으로 뜨고 테두리뜨기를 왕복해 뜹니다.
●마무리…밑단·앞단·목둘레를 소맷부리와 똑같이 짧은뜨기와 테두리뜨기로 뜹니다. 장식 a·b를 모티브 잇기로 뜨고 밑단과 소맷부리의 지정 위치에 꿰매 답니다. 앞단에 끈을 뜨고 태슬을 달아 마무리합니다.

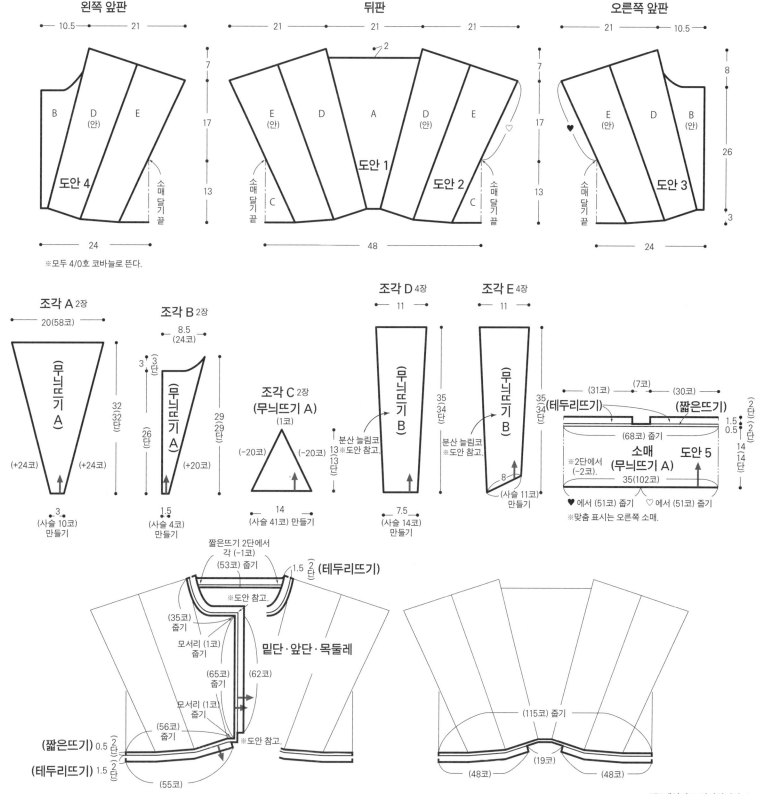

왼쪽 앞판
10.5 — 21
7 / 17 / 13
B / D (안) / E
도안 4
24
※모두 4/0호 코바늘로 뜬다.

뒤판
21 — 21 — 21
2
7 / 17 / 13
E (안) / D / A / D (안) / E
도안 1
소매 달기 끝 / C
48

오른쪽 앞판
21 — 10.5
8 / 26 / 3
E (안) / D / B (안)
도안 3
소매 달기 끝
24

조각 A 2장
20(58코)
(무늬뜨기 A)
32(32단)
(+24코) (+24코)
3 (사슬 10코) 만들기

조각 B 2장
8.5 (24코)
3 (3단)
(무늬뜨기 A)
26 (26단)
29(29단)
(+20코)
1.5 (사슬 4코) 만들기

조각 C 2장
(무늬뜨기 A)
(1코)
(-20코) (-20코)
13 (13단)
14 (사슬 41코) 만들기

조각 D 4장
11
(무늬뜨기 B)
35 34단
분산 늘림코
※도안 참고.
7.5 (사슬 14코) 만들기

조각 E 4장
11
(무늬뜨기 B)
35 34단
분산 늘림코
※도안 참고.
8
(사슬 11코) 만들기

(31코) (7코) (30코)
(테두리뜨기) (짧은뜨기)
(68코) 줍기
2단 (2단)
1.5 / 0.5
14 (14단)
소매 (무늬뜨기 A)
도안 5
※2단에서 (-2코).
35(102코)
♥에서 (51코) 줍기 ♡에서 (51코) 줍기
※맞춤 표시는 오른쪽 소매.

밑단·앞단·목둘레
짧은뜨기 2단에서 각 (-1코) (53코) 줍기
1.5 (2단) (테두리뜨기)
※도안 참고.
(35코) 줍기
모서리 (1코) 줍기
(65코) 줍기 (62코)
모서리 (1코) 줍기
(56코) 줍기
(짧은뜨기) 0.5 (2단)
(테두리뜨기) 1.5 (2단)
(55코)
※도안 참고.

(115코) 줍기
(48코) (19코) (48코)

174페이지로 이어집니다. ▶

▶ 173페이지에서 이어집니다.

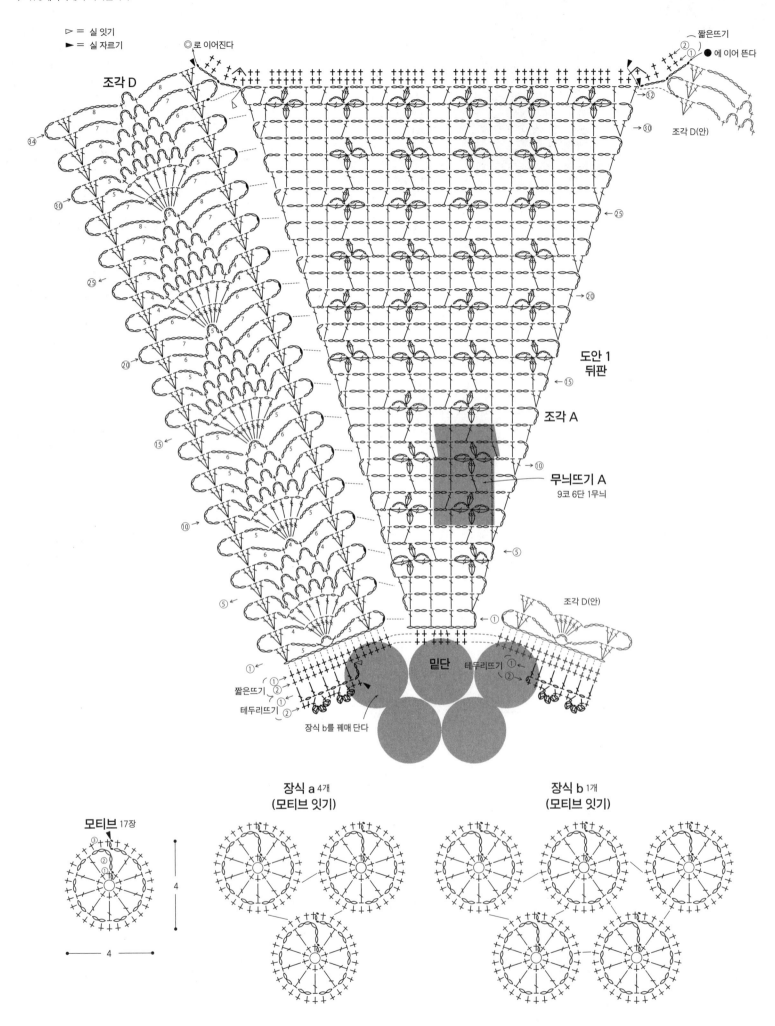

▷ = 실 잇기
► = 실 자르기

◎로 이어진다

조각 D

조각 D(안)

짧은뜨기

● 에 이어 뜬다

도안 1
뒤판

조각 A

무늬뜨기 A
9코 6단 1무늬

조각 D(안)

밑단

짧은뜨기

테두리뜨기

테두리뜨기

장식 b를 꿰매 단다

모티브 17장

장식 a 4개
(모티브 잇기)

장식 b 1개
(모티브 잇기)

★ 개수는 작품을 선택하는 기준으로 참고해주세요. ★···초심자도 안심, ★★···자신이 조금 생겼다면, ★★★···끈기도 겸비한 중 · 상급자, ★★★★···솜씨에 자신 있음. 실은 실물 크기입니다.

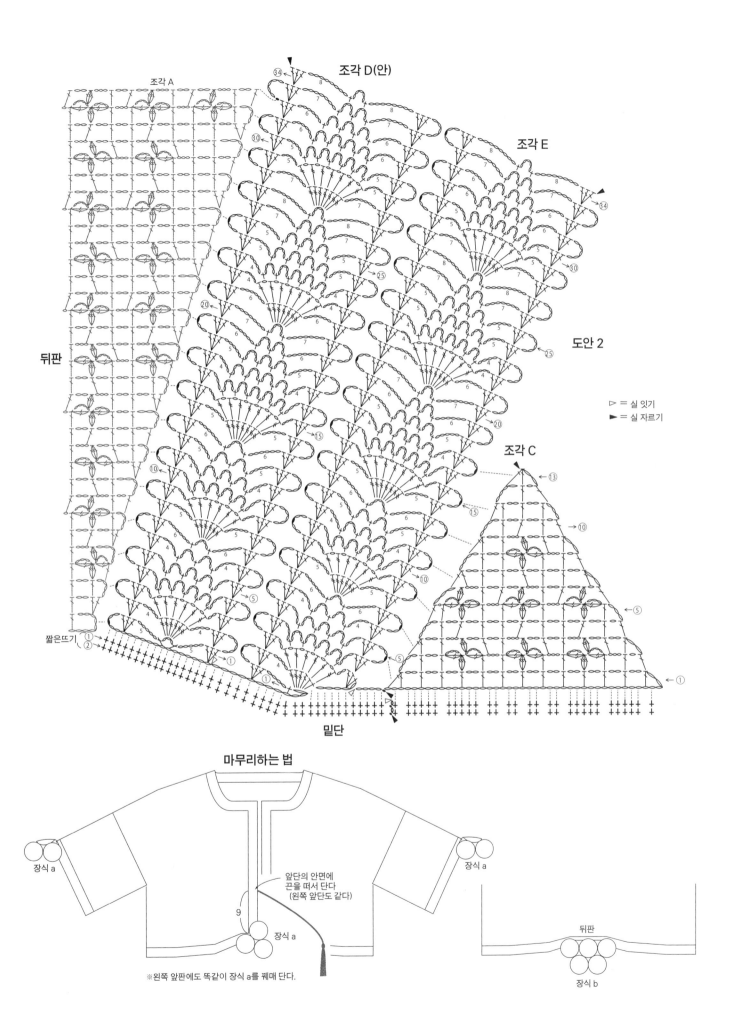

조각 A

조각 D(안)

조각 E

뒤판

도안 2

▷ = 실 잇기
► = 실 자르기

조각 C

짧은뜨기

밑단

마무리하는 법

장식 a

장식 a

앞단의 안면에
끈을 떠서 단다
(왼쪽 앞단도 같다)

9

장식 a

뒤판

장식 b

※왼쪽 앞판에도 똑같이 장식 a를 꿰매 단다.

176페이지로 이어집니다. ▶

▶ 175페이지에서 이어집니다.

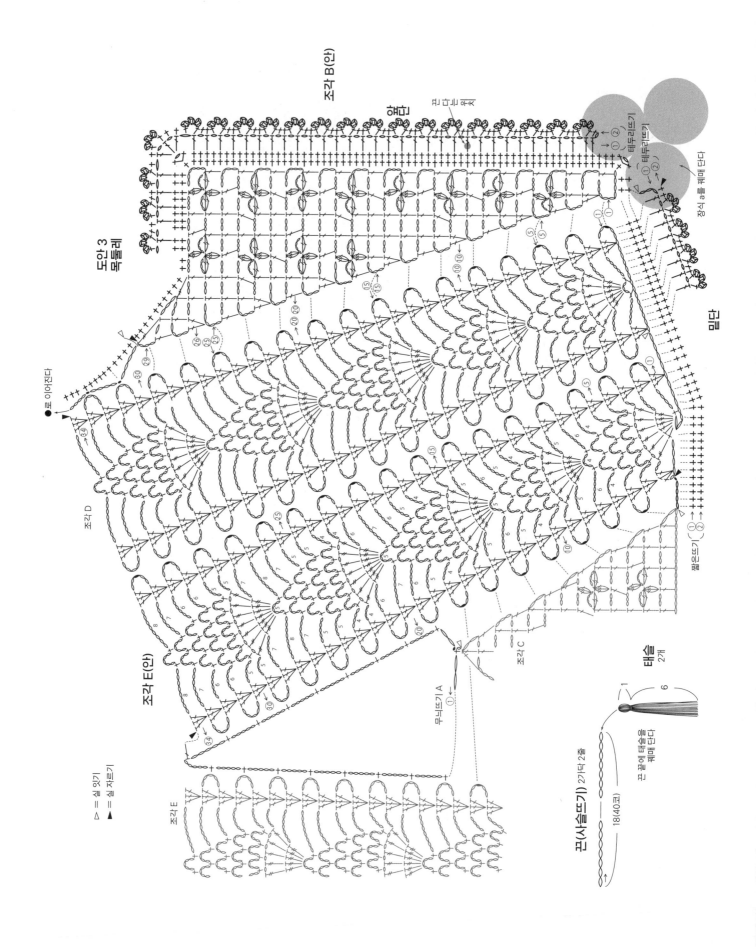

도안 3
목둘레

조각 B(안)

△ = 실 잇기
▲ = 실 자르기

테슬
2개

18(40코)

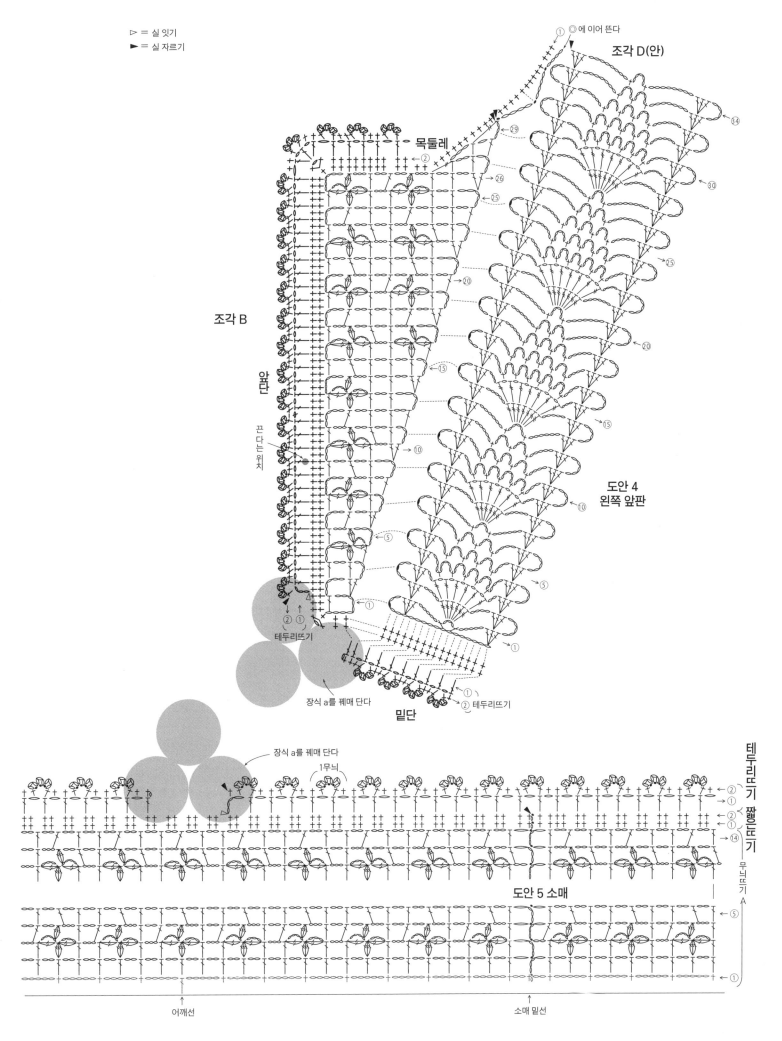

▷ = 실 잇기
► = 실 자르기

① ◎에 이어 뜬다

조각 D(안)

목둘레

조각 B

앞단

끈 다는 위치

도안 4
왼쪽 앞판

테두리뜨기

장식 a를 꿰매 단다

밑단

① ② 테두리뜨기

장식 a를 꿰매 단다

1무늬

테두리뜨기 짧은뜨기

도안 5 소매

무늬뜨기 A

어깨선

소매 밑선

177

재료
데오리야 오리지널 코튼 베이지(136) 370g
도구
대바늘 4호·2호
완성 크기
가슴둘레 100cm, 기장 59cm, 화장 70cm
게이지(10x10cm)
메리야스뜨기, 무늬뜨기 21.5코×30.5단
POINT
●요크·몸판·소매…요크는 손가락에 실을 걸어서
기초코를 만들어 뜨기 시작해 무늬뜨기, 메리야스
뜨기로 왕복해 뜹니다. 앞목둘레·래글런선의 늘림

코는 도안을 참고하세요. 23단의 마지막에 감아코
로 코를 만들고 이어서 원형으로 뜹니다. 앞뒤 몸
판은 요크에서 코를 줍고 거싯은 감아코로 코를
만들어 원형으로 뜹니다. 밑단은 2코 고무뜨기로
뜨고 뜨개 끝의 겉뜨기는 겉뜨기로, 안뜨기는 안뜨
기로 떠서 덮어씌워 코막음합니다. 소매는 거싯의
코와 요크의 쉼코에서 코를 주워 메리야스뜨기, 무
늬뜨기로 원형으로 뜹니다. 줄임코는 도안을 참고
하세요. 소맷부리는 밑단과 같은 방법으로 뜹니다.
●마무리…목둘레는 지정 콧수를 주워 2코 고무뜨
기로 원형으로 뜹니다. 뜨개 끝은 밑단과 같은 방
법으로 마무리합니다.

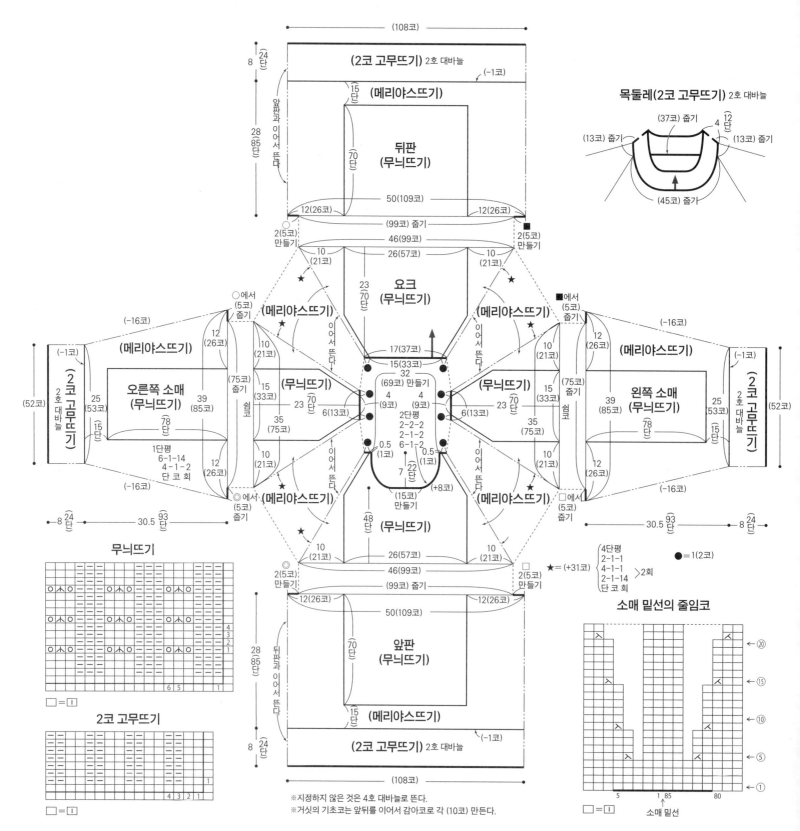

※지정하지 않은 것은 4호 대바늘로 뜬다.
※거싯의 기초코는 앞뒤를 이어서 감아코로 각 (10코) 만든다.

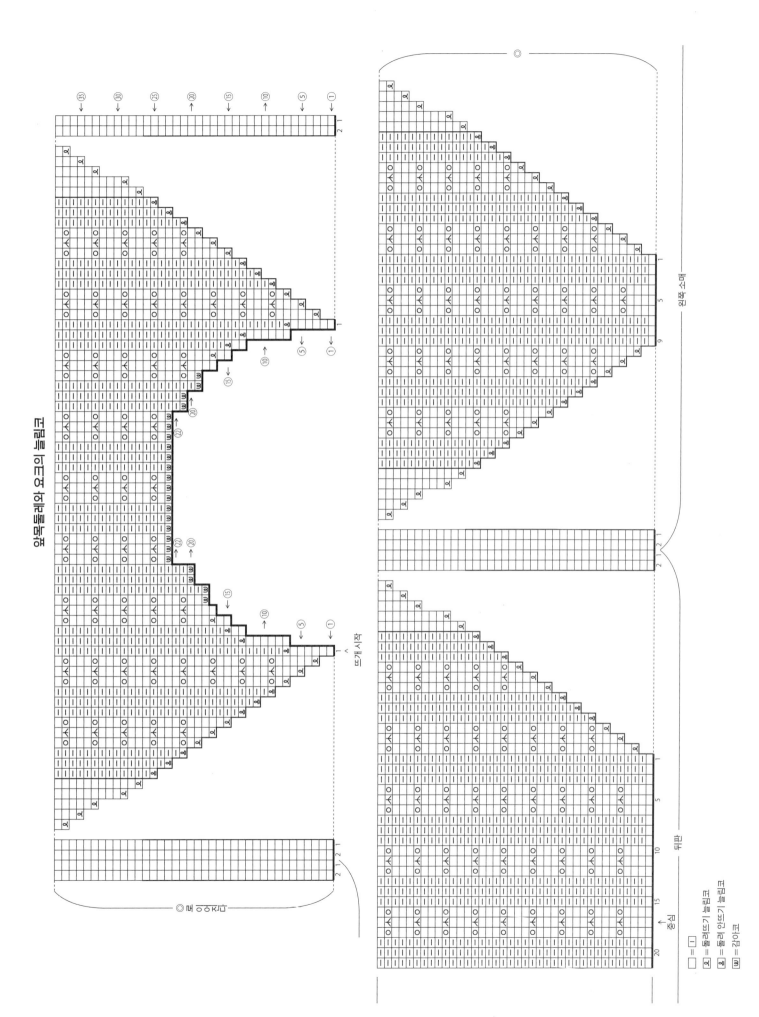

봄맞이 양말

78·79 page ★★★

슈퍼워시 스패니시 메리노.

오른코 교차뜨기
(중앙에 겉뜨기 3코 넣기)

※ 일본어 사이트

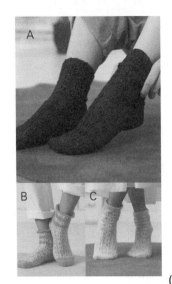

재료
다루마 슈퍼워시 스패니시 메리노
A…다크네이비(107) 55g 2볼
B…소다(106) 40g 1볼, 네온피치(103) 20g 1볼
C…커스터드(102) 45g 1볼

도구
대바늘 1호

완성 크기
A…바닥 길이 22.5cm, 길이 19cm
B…바닥 길이 22.5cm, 길이 16.5cm
C…바닥 길이 22.5cm, 길이 12.5cm

게이지(10×10cm)
무늬뜨기 A·A 줄무늬·B 38코×42단, 안메리야스

뜨기 37코×42단

POINT
●A는 저먼 트위스티드 캐스트온, B·C는 별도 사슬로 기초코를 만들어 뜨기 시작해 A·C는 입구부터 B는 발목부터 원형으로 뜹니다. 발등 쪽의 코는 쉼코를 하고 발뒤꿈치는 저먼 쇼트로우로 되돌아뜨기하면서 왕복해 뜹니다. 이어서 발등의 쉼코에서 코를 주워 원형으로 뜹니다. 뜨개 끝은 쉼코를 하고 안메리야스 잇기로 연결합니다. B는 기초코 사슬을 풀어 코를 줍고 입구를 떠서 마무리합니다.

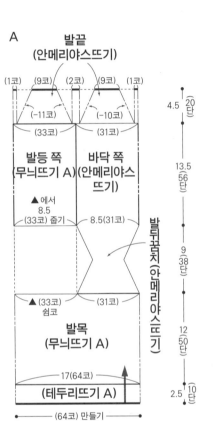

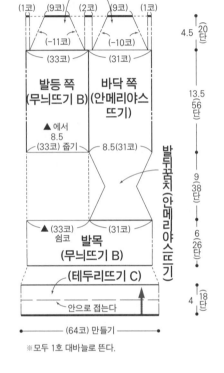

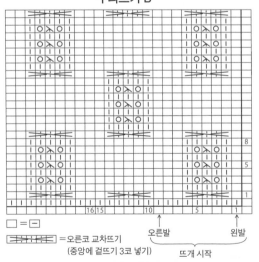

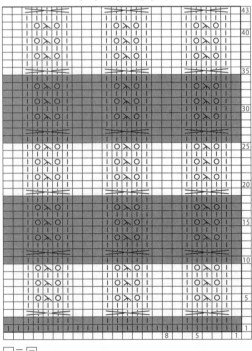

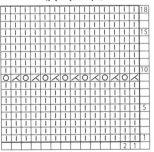

180

양말 뜨는 법(A)

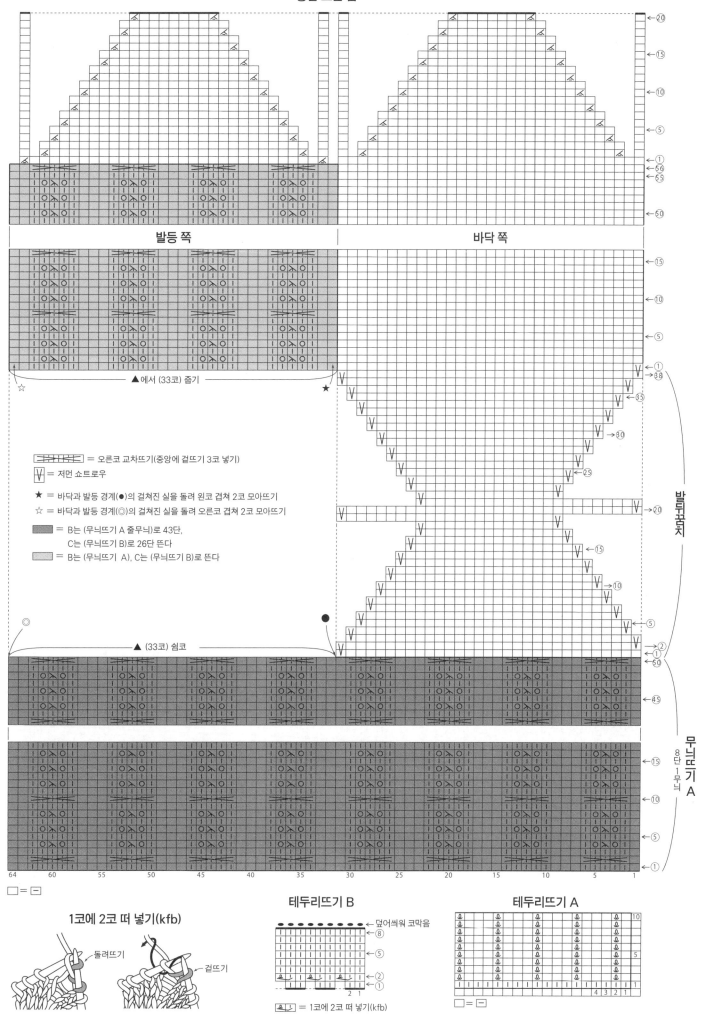

발등 쪽

바닥 쪽

▲에서 (33코) 줍기

△

★

= 오른코 교차뜨기(중앙에 겉뜨기 3코 넣기)

∨ = 저먼 쇼트로우

★ = 바닥과 발등 경계(●)의 걸쳐진 실을 돌려 왼코 겹쳐 2코 모아뜨기

☆ = 바닥과 발등 경계(◎)의 걸쳐진 실을 돌려 오른코 겹쳐 2코 모아뜨기

= B는 (무늬뜨기 A 줄무늬)로 43단,
C는 (무늬뜨기 B)로 26단 뜬다

= B는 (무늬뜨기 A), C는 (무늬뜨기 B)로 뜬다

◎

▲ (33코) 쉼코

●

발뒤꿈치

무늬뜨기 A
8단 1무늬

64 60 55 50 45 40 35 30 25 20 15 10 5 1

□ = −

1코에 2코 떠 넣기(kfb)

돌려뜨기 겉뜨기

테두리뜨기 B

덮어씌워 코막음

= 1코에 2코 떠 넣기(kfb)

테두리뜨기 A

□ = −

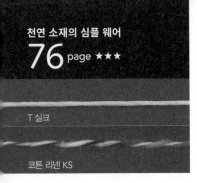

재료
실…데오리야 T실크 노란색(11) 270g, 코튼 리넨
KS 노란색 계열 믹스(01) 190g
단추…지름 18mm 1개

도구
대바늘 8호

완성 크기
가슴둘레 117cm, 기장 57cm, 화장 73.5cm

게이지(10x10cm)
메리야스뜨기 20코×26단

POINT
●몸판·옆선·소매…모두 T실크와 코튼 리넨 KS
를 합친 2가닥으로 뜹니다. 몸판은 손가락에 실을
걸어서 기초코를 만들어 뜨기 시작해 무늬뜨기 A
로 원형으로 뜹니다. 이어서 뒤판은 메리야스뜨기
와 돌려 1코 고무뜨기로, 앞판·옆선은 메리야스뜨
기로 뜹니다. 옆선의 줄임코는 도안을 참고하세요.

58단을 뜬 뒤 옆선의 코는 쉼코로 하고 앞뒤를 나
눠 뒤판은 메리야스뜨기, 돌려 1코 고무뜨기, 무늬
뜨기 B로, 앞판은 메리야스뜨기로 왕복해 뜹니다.
뒤판은 도안을 참고해 목둘레 트임에서 좌우로 나
눠 뜹니다. 목둘레의 줄임코는 2코 이상은 덮어씌
우기, 1코는 3번째와 4번째 코를 2코 모아뜨기합
니다. 어깨는 덮어씌워 잇기를 합니다. 소매는 지정
위치에서 코를 주워 메리야스뜨기로 원형으로 뜨
고 도안을 참고해 소매 끝에서 분산 줄임코를 합니
다. 이어서 무늬뜨기 A를 뜨고 뜨개 끝은 돌려 1코
고무뜨기 코막음을 합니다.
●마무리…목둘레는 손가락에 실을 걸어서 8코를
만들고 목둘레에서 지정 콧수를 주워 무늬뜨기 C
로 뜹니다. 지정 위치에 단춧구멍을 냅니다. 뜨개
끝은 소맷부리와 같은 방법으로 정리합니다. 단추
를 달아 마무리합니다.

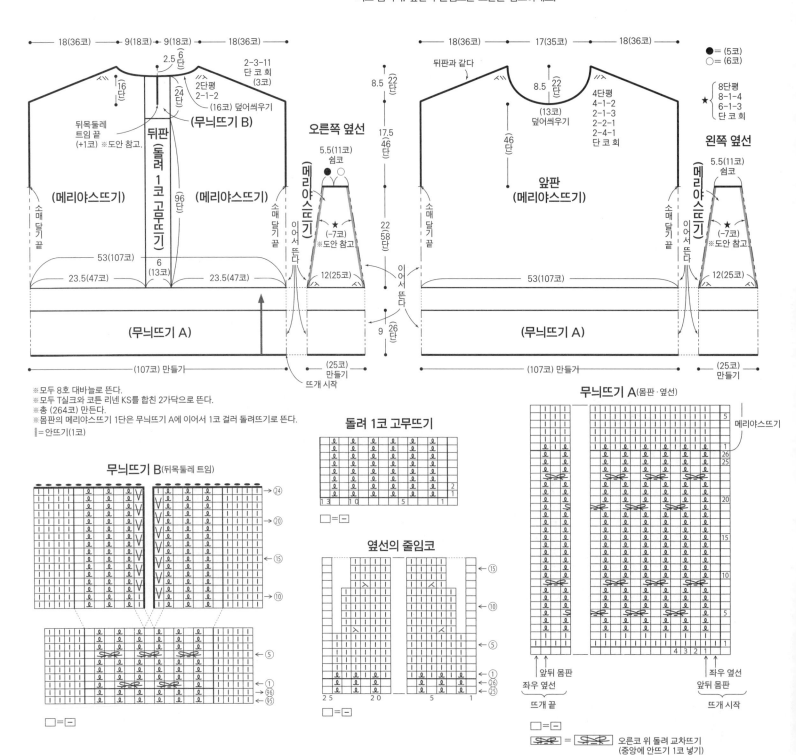

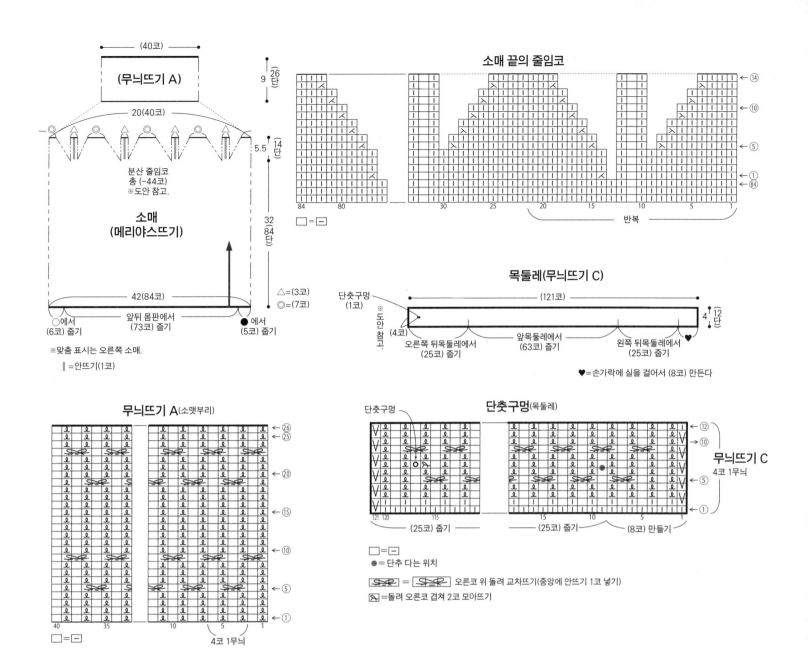

(40코)

(무늬뜨기 A)

9 26 단

20(40코)

5.5 14 단

분산 줄임코
총 (-44코)
※도안 참고.

소매
(메리야스뜨기)

32 (84 단)

42(84코)

앞뒤 몸판에서
(73코) 줍기

○에서
(6코) 줍기

●에서
(5코) 줍기

△=(3코)
◎=(7코)

※맞춤 표시는 오른쪽 소매.
‖=안뜨기(1코)

소매 끝의 줄임코

←⑭
←⑩
←⑤
←①
←84

84 80   30   25   20   15   10   5   1
□=[-]   반복

목둘레(무늬뜨기 C)

단춧구멍
(1코)

(121코)

4 12 단

※도안 참고.

(4코)

오른쪽 뒤목둘레에서
(25코) 줍기

앞목둘레에서
(63코) 줍기

왼쪽 뒤목둘레에서
(25코) 줍기

무늬뜨기 C
4코 1무늬

♥=손가락에 실을 걸어서 (8코) 만든다

무늬뜨기 A(소맷부리)

←26
←25
←20
←15
←10
←5
←①

40   35   10   5   1
□=[-]
4코 1무늬

단춧구멍(목둘레)

단춧구멍

←⑫
→⑩
←⑤
←①

121 120   115   15   10   5   1

(25코) 줍기   (25코) 줍기   (8코) 만들기

무늬뜨기 C
4코 1무늬

□=[-]
●=단추 다는 위치
⧖=⧖ 오른코 위 돌려 교차뜨기(중앙에 안뜨기 1코 넣기)
⧖=돌려 오른코 겹쳐 2코 모아뜨기

▶ 185페이지에서 이어집니다.

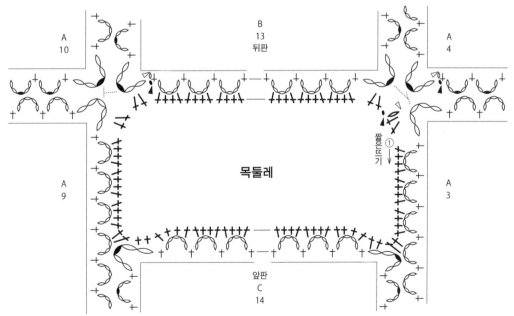

A
10

B
13
뒤판

A
4

A
9

목둘레

짧은뜨기
①

A
3

앞판
C
14

다이아 코스타 노바

다이야 스케치

재료
다이아몬드케이토 다이아 코스타 노바 주황색·분홍색·하늘색 계열 그러데이션(723) 170g 5볼, 다이아 스케치 주황색·빨간색·하늘색 계열 그러데이션(202) 40g 2볼

도구
아미무메모(6.5mm), 코바늘 3/0호

완성 크기
기장 51.5cm, 화장 26cm

게이지(10x10cm)
메리야스뜨기 20.5코×25단(D=6), 모티브 크기는 도안 참고

POINT
●몸판…90페이지를 참고해서 모티브 A 무늬뜨기 부분을 지정된 장수만큼 뜹니다. 모티브 B, C는 버림실 뜨기 기초코로 뜨개를 시작해서 메리야스뜨기를 합니다. 뜨개 끝은 버림실 뜨기해 수편기에서 빼냅니다. 뜨개 시작과 뜨개 끝은 코바늘로 빼내서 코막음합니다.
●마무리…모티브 A, B, C에 테두리뜨기를 하면서 모티브 잇기를 합니다. 목둘레, 옆선·밑단은 짧은뜨기를 합니다. 끈을 떠서 마음에 드는 위치에 끼워 묶습니다.

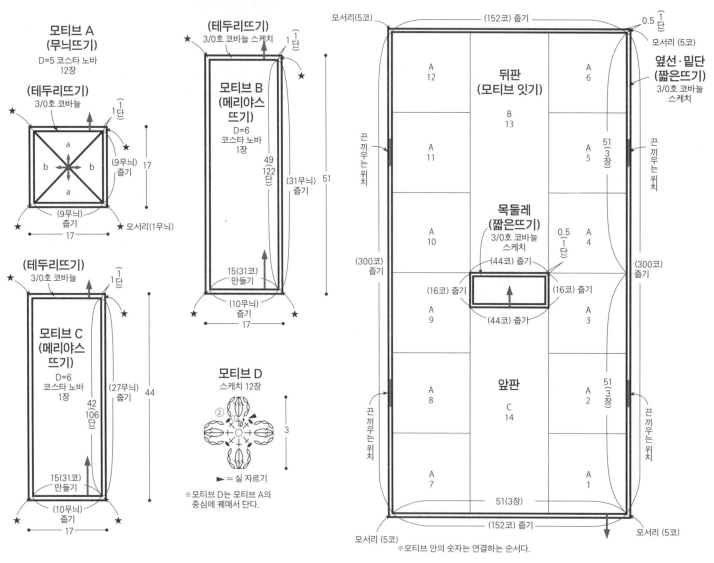

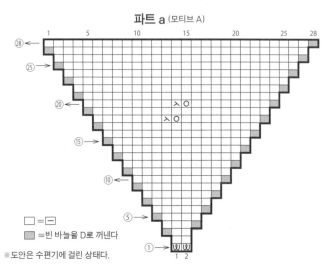

파트 a (모티브 A)

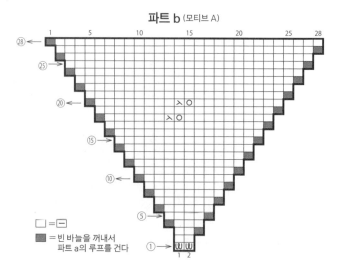

파트 b (모티브 A)

□ = ⊡
■ = 빈 바늘을 D로 꺼낸다

※도안은 수편기에 걸린 상태다.

□ = ⊡
■ = 빈 바늘을 꺼내서 파트 a의 루프를 건다

183페이지로 이어집니다. ▶

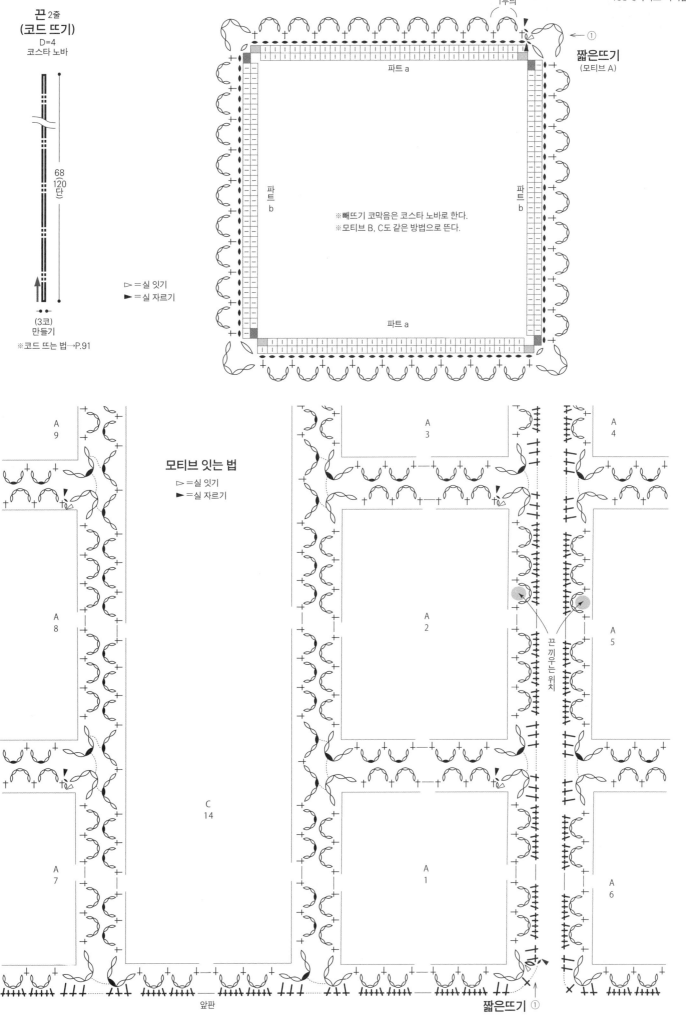

끈 2줄
(코드 뜨기)
D=4
코스타 노바

68
(120)
단

(3코)
만들기
※코드 뜨는 법→P.91

▷ =실 잇기
▶ =실 자르기

1무늬

짧은뜨기
(모티브 A)

파트 a

파트
b

파트
b

※빼뜨기 코막음은 코스타 노바로 한다.
※모티브 B, C도 같은 방법으로 뜬다.

파트 a

A
9

A
8

A
7

모티브 잇는 법
▷ =실 잇기
▶ =실 자르기

C
14

앞판

A
3

A
2

A
1

짧은뜨기 ①

A
4

A
5

A
6

끈 끼우는 위치

짧은뜨기

185

재료
퍼피 코튼 코나 연두색(33) 360g 9볼, 빨간색(53)
20g 1볼, 초록색(51) 15g 1볼
도구
아미무메모(6.5mm), 코바늘 3/0호
완성 크기
가슴둘레 102cm, 기장 52.5cm, 화장 60.5cm
게이지(10x10cm)
메리야스뜨기 23.5코×30단(D=5), 모티브 크기는
도안 참고
POINT
●몸판, 소매…90페이지를 참고해서 모티브를 지정
된 장수만큼 뜹니다. 모티브 가운데는 뜨기 시작 꼬
리실로 연결합니다. 모티브의 뜨개 끝은 코바늘로

빼내서 코막음하고 가장자리에 짧은뜨기 1단을 뜹
니다. 몸판은 1코 고무뜨기 기초코로 뜨개를 시작
하고 1코 고무뜨기, 메리야스뜨기를 합니다. 어깨,
앞목둘레는 되돌려뜨기, 소매 밑선은 늘림코를 합
니다. 모티브를 지정한 위치에 감침질로 꿰맵니다.
●마무리…목둘레는 몸판과 같은 방법으로 뜨개
를 시작해서 1코 고무뜨기를 합니다. 몸판 중심은
뜨개 바탕은 안면끼리 맞대어 빼뜨기 잇기를 합니
다. 오른쪽 어깨는 기계잇기를 합니다. 목둘레는 기
계잇기로 몸판과 연결합니다. 왼쪽 어깨는 오른쪽
어깨와 같은 방법으로 뜹니다. 소매는 목둘레와 같
은 방법으로 몸판과 연결합니다. 옆선, 소매 밑선,
목둘레 옆선은 떠서 꿰매기합니다.

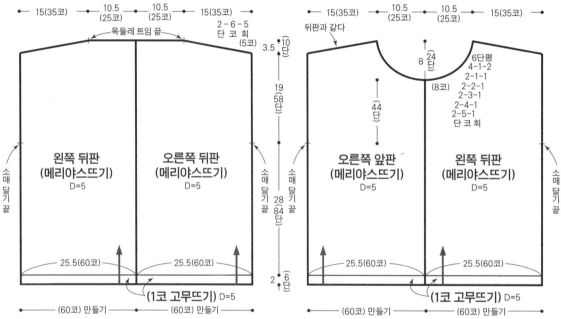

※지정하지 않은 것은 연두색으로 뜬다.
※기초코 준비 3단은 D=4.5로 뜬다.

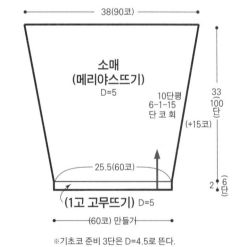

※기초코 준비 3단은 D=4.5로 뜬다.

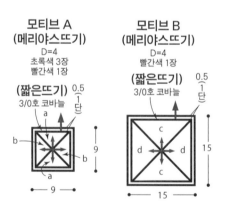

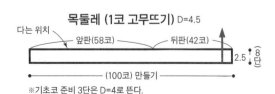

목둘레 (1코 고무뜨기) D=4.5

※기초코 준비 3단은 D=4로 뜬다.

1코 고무뜨기

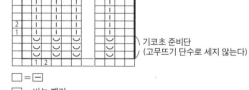

□ = ⊢
⌣ = 바늘 빼기
※도안은 수편기에 걸린 상태다.

파트 a (모티브 A)

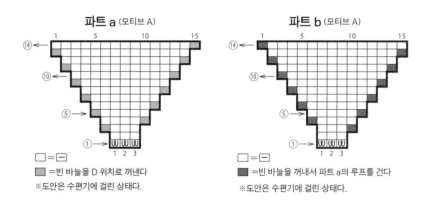

□ = ⊟
■ = 빈 바늘을 D 위치로 꺼낸다
※도안은 수편기에 걸린 상태다.

파트 b (모티브 A)

■ = 빈 바늘을 꺼내서 파트 a의 루프를 건다
※도안은 수편기에 걸린 상태다.

모티브 마무리하는 법

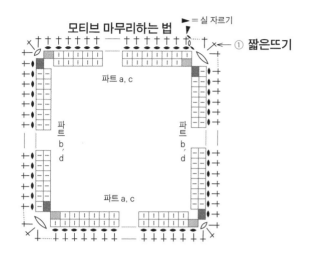

▶ = 실 자르기
① 짧은뜨기

파트 a, c

파트 b, d 파트 b, d

파트 a, c

파트 c (모티브 B)

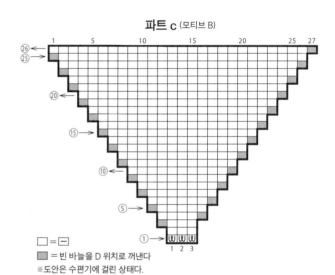

□ = ⊟
■ = 빈 바늘을 D 위치로 꺼낸다
※도안은 수편기에 걸린 상태다.

파트 d (모티브 B)

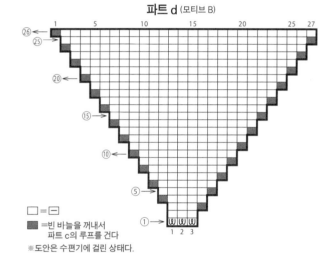

■ = 빈 바늘을 꺼내서 파트 c의 루프를 건다
※도안은 수편기에 걸린 상태다.

모티브 배치도와 마무리하는 법

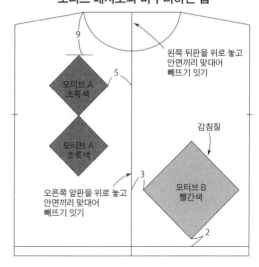

9

모티브 A 초록색
5

모티브 A 초록색

왼쪽 뒤판을 위로 놓고 안면끼리 맞대어 빼뜨기 잇기

감침질

오른쪽 앞판을 위로 놓고 안면끼리 맞대어 빼뜨기 잇기

3

모티브 B 빨간색

2

왼쪽 소매

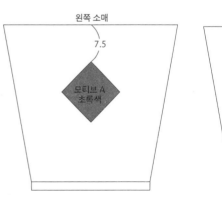

7.5

모티브 A 초록색

오른쪽 소매

모티브 A 빨간색

5

한스미디어의
수예 도서 시리즈

대바늘 뜨개

**쉽게 배우는
새로운 대바늘 손뜨개의 기초**

일본보그사 저 | 김현영 역 | 16,000 원

**유월의솔의
투데이즈 니트**

유월의솔 저 | 24,000 원

**마마랜스의
일상 니트**

이하니 저 | 22,000 원

**니팅테이블의
대바늘 손뜨개 레슨**

이윤지 저 | 18,000 원

**그린도토리의
숲속 동물 손뜨개**

명주현 저 | 18,000 원

52 주의 뜨개 양말

레인 저 | 서효령 역 | 29,800 원

52 주의 숄

레인 저 | 조진경 역 | 33,000 원

52 주의 이지 니트

레인 저 | 조진경 역 | 33,000 원

**매일 입고 싶은
남자 니트**

일본보그사 저 | 강수현 역 | 14,000 원

**M, L, XL 사이즈로 뜨는
남자 니트**

리틀 버드 저 | 배혜영 역 | 13,000 원

바람공방의 마음에 드는 니트

바람공방 저 | 남궁가윤 역 | 16,800 원

유러피안 클래식 손뜨개

표도 요시코 저 | 배혜영 역 | 15,000 원

올터니트 스티치 사전 200

안드레아 랑겔 저 | 서효령 역
18,000 원

**쿠튀르 니트
대바늘 손뜨개 패턴집 260**

시다 히토미 저 | 남궁가윤 역
18,000 원

대바늘 비침무늬 패턴집 280

일본보그사 저 | 남궁가윤 역
20,000 원

코바늘 뜨개

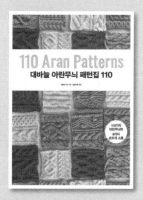

대바늘 아란무늬 패턴집 110
일본보그사 저 | 남궁가윤 역
18,000 원

**쿠튀르 니트
대바늘 니트 패턴집 250**
시다 히토미 저 | 남궁가윤 역
20,000 원

**쉽게 배우는
새로운 코바늘 손뜨개의 기초**
일본보그사 저 | 김현영 역 | 16,000 원

**쉽게 배우는
새로운 코바늘 손뜨개의 기초
[실전편 : 귀여운 니트 소품 77]**
일본보그사 저 | 이은정 역 | 15,000 원

매일매일 뜨개 가방
최미희 저 | 20,000 원

**손뜨개꽃길의
사계절 코바늘 플라워**
박경조 저 | 22,000 원

**쉽게 배우는
모티브 뜨기의 기초**
일본보그사 저 | 강수현 역 | 13,800 원

**완전판
코바늘 모티브 패턴집 366**
일본보그사 저 | 남궁가윤 역 |
22,000 원

**실을 끊지 않는
코바늘 연속 모티브 패턴집**
일본보그사 저 | 강수현 역 | 16,500 원

**실을 끊지 않는
코바늘 연속 모티브 패턴집 II**
일본보그사 저 | 강수현 역 | 18,000 원

**쉽게 배우는
코바늘 손뜨개 무늬 123**
일본보그사 저 | 배혜영 역 | 15,000 원

**대바늘과 코바늘로 뜨는
겨울 손뜨개 가방**
아사히신문출판 저 | 강수현 역
13,000 원

광고 및 제휴 문의
070-4678-7118
info@hansmedia.com

털실타래 Vol.7 2024년 봄호

1판 1쇄 인쇄 2024년 3월 20일
1판 1쇄 발행 2024년 3월 27일

지은이 (주)일본보그사
옮긴이 김보미, 김수연, 남가영, 배혜영
펴낸이 김기옥

실용본부장 박재성
편집 실용2팀 이나리, 장윤선
마케터 이지수
지원 고광현, 김형식

한국어판 기사 취재 정인경(inn스튜디오)
한국어판 사진 촬영 김태훈(TH studio)
취재 협력 낙양모사, 니트위트, 코와코이로이로

본문 디자인 책장점
표지 디자인 형태와내용사이
인쇄·제본 민언프린텍

펴낸곳 한스미디어(한즈미디어(주))
주소 121-839 서울시 마포구 양화로 11길 13(서교동, 강원빌딩 5층)
전화 02-707-0337 | **팩스** 02-707-0198 | **홈페이지** www.hansmedia.com
출판신고번호 제 313-2003-227호 | **신고일자** 2003년 6월 25일

ISBN 979-11-93712-21-4 13590

책값은 뒤표지에 있습니다.
잘못 만들어진 책은 구입하신 서점에서 교환해드립니다.